MÉMOIRES

SUR LES

LÉPIDOPTÈRES

RÉDIGÉS

par

N. M. ROMANOFF.

Tome II.

Avec 16 planches coloriées.

R. FRIEDLÄNDER & SOHN
Berlin, N.W., Carlstr. 11.

MÉMOIRES SUR LES LÉPIDOPTÈRES.

MÉMOIRES

SUR LES

LÉPIDOPTÈRES

RÉDIGÉS

par

N. M. ROMANOFF.

Tome II.

Avec 16 planches coloriées.

St.-Pétersbourg.

Imprimerie de M. M. Stassuléwitch, Was. Ostr., 2 lin., 7.

1885

ТИПОГРАФІЯ
М. СТАСЮЛЕВИЧА
В. О. 2 Л. 7

TABLE DES MATIÈRES

du

Deuxième volume.

LES LÉPIDOPTÈRES

DE LA

TRANSCAUCASIE

PAR

N. M. ROMANOFF.

(Planches I, II, III, IV, V et XIV).

Deuxième partie.

V. COSSIDAE HS.

70. COSSUS F.

Cossus L. — Tiflis, Borjom, Manglis, Lagodekhi, Helenendorf, Koussari ¹) et Lenkoran; en Juillet.

Terebra F. — M. Christoph en a trouvé les chrysalides
à Borjom; l'insecte parfait n'a pas encore été pris.

---

¹) Koussari, quartier général du régiment de Schirwan, environ 80 kilomètres au Sud de Derbent, n'a pas été désigné sur la carte du Tome I
des „Mémoires“, comme ce n'est que l'année passée que M. Leder nous a
envoyé de là quelques centaines de papillons.

1

71. ZEUZERA Latr.

nov. sp.

Le 15 Juillet M. Christoph enleva près de Kasikoparan à une fourmi les ailes supérieures et le prothorax d'une *Zeuzera*. Ces débris intéressants appartiennent évidemment à une nouvelle espèce, dont la découverte est réservée à l'avenir. Cette nouvelle espèce rappelle un peu les espèces qu'on rencontre aux Indes, p. e. la *Zeuzera Leuconota* Wlk. Les ailes sont plus allongées que celles de la *Z. Pyrina*; leur fond est d'un blanc argenté, bien marqué le long du bord costal noir, passant ensuite pour la plupart à une teinte brunâtre et étant couvert de petites lignes transversales noires, très-serrées, formant presque des carreaux. Ces lignes transversales s'élargissent principalement vers le milieu du bord interne où elles forment à peu près des taches transversales. Vers les extrémités des nervures les franges blanchâtres passent au brun-gris.

72. PHRAGMATOECIA Newman.

Castaneae Hb.—Assez rare; elle se trouve aux environs de Derbent et dans le gouvernement d'Elisabethpol (Helenendorf).

73. HYPOPTA Hb.

Thrips Hb.—Assez répandue dans les steppes, couvertes d'*Artemisia.* — Derbent, Kasikoparan, Helenendorf; en Juin et Juillet.

Caestrum Hb. — Assez rare; à Derbent. Lederer la cite des montagnes du gouvernement d'Elisabethpol. M. Leder nous l'a envoyée cette année en plusieurs exemplaires d'Helenendorf.

74. ENDAGRIA B.

Ulula Bkh. — Tiflis, Markopi, Borjom; très-fréquent à Helenendorf. Les exemplaires de Tiflis sont plus grands que ceux de l'Europe méridionale; aussi leur dessin est-il plus marqué.

Alpherakyi Chr. (Pl. II fig. 1). — *Antennis bipectinatis. Alis anticis albidis, fuscescente-variegatis, cellula discoidali maculaque subtriangulari post medium albis, ciliis albidis, fuscovariegatis; posticis fuscescentibus.*

Exp. al. ant. 11—14 mm.

Cette espèce ressemble extrêmement à l'*E. Agilis* Chr. d'Akhal-Tekke, aussi rappelle-t-elle beaucoup la *Marmorata* Rbr. d'Alger, considérée par plusieurs lépidoptérologues comme variété d'*Ulula*. Néanmoins se distingue-t-elle d'*Ulula* par les antennes si considérablement, que cette différence suffit pour la séparer de cette espèce. Aussi diffère-t-elle de l'*E. Agilis* surtout par les antennes; les dents, d'un brun foncé et ciliées, en sont plus fortes et plus courtes et la tige blanchâtre est un peu plus renflée. Le dessin des ailes antérieures est moins marqué et le gris des ailes postérieures plus foncé. L'*E. Alpherakyi* égale l'*Agilis* en grandeur.

La tête et le collier sont bruns, le corselet blanc-gris, sans mélange noir, les épaulettes d'un gris assez foncé, l'abdomen gris-jaune et d'un gris plus foncé vers l'extrémité.

La disposition du dessin est à peu près la même que chez *Agilis* et en général que chez *Ulula*; néanmoins je leur trouve la différence suivante: dans la cellule discoïdale des ailes antérieures se trouve au bord supérieur une tache brune de la couleur du fond, qui donne un autre aspect au blanc de la cellule discoïdale et à peu près la forme de hache. La tache blanche en dehors de la cellule discoïdale est plus grande et

presque triangulaire. Le mélange de blanc-gris est particulièrement plus abondant vers le bord; vers le milieu on voit
distinctement un mélange jaunâtre. En général le dessin de
l'*E. Alpherakyi* est moins marqué que celui d'*E. Agilis.*

La frange est divisée par une ligne dans toute sa longueur; cette ligne est souvent interrompue et d'un brun clair;
jusqu'à cette ligne la frange est jaunâtre et munie aux extrémités des nervures et aux lignes de partage de deux taches
noir-brun, plus ou moins distinctes; vers l'extérieur la frange
est d'un blanc-gris. Chez *E. Agilis* c'est tantôt le brun, tantôt le blanc-gris qui prédomine, et celui-là va jusqu'à l'extrémité des franges.

Les ailes postérieures sont gris-fumée, un peu plus claires que chez l'*E. Ulula*. La frange assez longue, avec ligne
de partage gris-foncé est jaune-blanc et non tachetée de noir,
comme chez l'*E. Agilis.*

Le dessous des ailes antérieures est gris-fumée sur toute
son étendue, tandis que chez *E. Agilis* il ne l'est que vers
le bord 'costal.

Les pattes et le corps sont jaunâtres, mêlés de gris, à
reflet soyeux et à longs poils (chez *E. Agilis* les poils sont
plus courts et sans reflet soyeux). Les tarses sont irrégulièrement et peu tachetées de brun (chez *E. Agilis* noir-brun
et distinctement annelées).

Peu d'exemplaires mâles, mais bien conservés, ont été pris
le 23 Juin près d'Ordoubad à la lueur de la lampe.

Salicicola Ev. — Tiflis, Manglis, Helenendorf, Derbent,
Kasikoparan; sur le bord oriental du lac de Goktscha; en
Juillet. Les taches noires des exemplaires provenant de Helenendorf, où cette Cosside paraît très-abondante, sont plus
grandes que celles des exemplaires de la Russie méridionale.

Saxicola Chr. (Pl. I fig. 1). — *Antennis bipectinatis, thorace luteo, abdomine fusco. Alis anterioribus dilute luteis fascia obsoleta obliqua brunnescente; posticis fusco-griseis, ciliis lutescentibus; subtus fusco-cinereis, costa-ciliisque omnium lutescentibus.*

♂ ♂ Exp. al. ant. 14—15 mm.

Lorsqu'il réussit à M. Christoph de prendre cette intéressante Cosside dans le courant de la nuit du 24 et du 25 Juin à la lumière près d'Ordoubad, à la sortie d'un défilé rocheux, il supposait avoir trouvé l'*E. Emilia* Stgr. Cependant en la comparant plus tard à un exemplaire de l'*E. Emilia* venant d'Amasia, il se trouva que c'était là sans aucun doute une nouvelle espèce.

La *Saxicola* a presque le double de la dimension de l'*Emilia*. La couleur de l'*Emilia* est d'un jaune-gris rougeâtre, tandis que celle de la *Saxicola* est d'un blanc-jaune assez pur et la bande transversale, peu distincte, est moins arquée que chez la première. Les ailes postérieures sont bien plus foncées que celles de l'*Emilia*.

Palpes très-courts (bien plus courts que ceux de l'*Emilia*); l'article médian couvert de longs poils brun-foncé. Face et antennes brunes, celles-ci bipectinées; les dents sont légèrement ciliées, plus minces et bien plus courtes que chez l'*Emilia*. Poils du front jaune-brun.

Cuisses et tibias garnis de poils très-longs d'un jaune-paille; tarses brun-clair; en dessous l'abdomen est jaunâtre, à reflet soyeux; sur les côtés et au-dessus il est d'un rouge-gris et muni de poils assez longs.

Le thorax, ainsi que les ailes antérieures sont d'un blanc-jaune assez clair, saupoudrées d'écailles noir-brun. La bande transversale, brun-jaunâtre, est oblique et effacée comme chez l'*E. Emilia*. Cette bande naît au $^2/_3$ de la longueur des ailes antérieures, un peu au-dessous du bord costal, atteint ici sa plus grande largeur et devient de plus en plus étroite vers le bord intérieur, qui présente ici une petite échancrure; la bande forme quelques ondulations indécises. Le bord costal a une légère teinte brune. Sur les extrémités des nervures on voit de petites taches noirâtres.

Les franges, de la même couleur que le fond des ailes, sont bien plus courtes que celles de l'*E. Emilia.*

Les ailes postérieures gris-fumée (bien plus foncées que celles d'*Emilia*) ont au bord interne des franges de la même couleur; au bord antérieur et postérieur elles sont rouge-jaune.

Le dessous des ailes est gris-fumée, foncé, avec franges, bord antérieur et postérieur jaune-claire.

VI. COCHLIOPODAE B.

75. HETEROGENEA Knoch.

Limacodes Hufn.—Borjom en Juillet.

Asella Schiff.—Borjom, Lagodekhi en Juin et Juillet.

VII. PSYCHIDAE B.

76. PSYCHE Schrk.

Unicolor Hufn.—Borjom, Lischk en Juillet.

Villosella O.— L'unique exemplaire pris à Ounous, aux environs d'Ordoubad, ne diffère en rien des typiques.

Lutea Stgr. var. **Armena** Heyl. — Helenendorf, Kasikoparan; en Souanétie. Il paraît que le type ne se trouve pas dans la Transcaucasie. La variété *Armena* Heyl. est assez fréquente à Helenendorf et à Kasikoparan. Plusieurs exemplaires, provenant de Kasikoparan, présentent le passage à la var. *Shahkuhensis* Heyl. On trouvera plus loin dans le précieux travail de M. Heylaerts la description de ces deux variétés; aussi sont-elles figurées Pl. IX fig. 2 et 3.

Opacella HS. var. **Senex** Stgr. — A Tiflis en Juin; assez rare.

Quadrangularis Chr. — Les curieux fourreaux de cette espèce ne sont pas rares près de la station Tchemakhly, aux environs d'Elisabethpol, et dans la vallée de l'Araxe sur la route qui conduit d'Edschmiadsin à Igdir; la chenille préfère l'*Alhagi Camelorum* et une espèce de *Kochia* à d'autres plantes. L'insecte parfait éclot vers la fin du mois d'Août et en Septembre.

Plumifera O. — Très-fréquente à Tiflis en Mai; non moins abondante à Helenendorf; aussi à Bakouriani en Juillet.

77. EPICHNOPTERYX Hb.

Helix Siebold. — Ordoubad et Borjom; très-fréquente.

78. FUMEA Hb.

Pectinella F. — Borjom en Juin.

Norvegica Heyl. — Deux exemplaires, pris à Ordoubad, présentent, d'après M. Heylaerts, la forme typique de cette espèce.

VIII. LIPARIDAE B.

79. ORGYIA O.

Aurolimbata Gn. var. an nov. spec. — Deux ♂♂ un peu frottés, l'un pris à Borjom, l'autre à Bakouriani, diffèrent d'une manière si frappante de l'*Aurolimbata*, que si les exemplaires avaient été bien conservés, je les aurais décrits comme une nouvelle espèce; pour le moment je me contente à indiquer leur différence d'avec *Aurolimbata*, jusqu'à ce que l'on trouve de meilleurs exemplaires et la ♀, inconnue jusqu'à présent.

La différence des antennes est peu sensible. Les ailes antérieures sont un peu moins arrondies à l'apex que celles de l'*O. Aurolimbata* et le bord inférieur est bien plus arqué, ce qui rend les ailes antérieures plus larges que celles de l'*Aurolimbata*. Les ailes sont d'un brun jaunâtre plus clair et il y a dans le milieu une large ombre brun-jaune, effacée, qui n'atteint pas tout-à-fait la moitié du bord intérieur. La frange est de la même couleur que cette ombre. L'*Aurolimbata* a aussi des poils bien plus épais et bien plus longs vers la base et le bord interne des ailes. Le dessous des ailes est d'un jaune-brun plus clair.

Antiqua L. — Très répandue; à Borjom, Lenkoran, Derbent, Atskhour, Lagodekhi etc.

Ericae Germ. — A Derbent et sur la presqu'île d'Apchéron, en Juillet. La chenille en a été trouvée par M. Christoph sur l'*Alhagi Camèlorum* et sur une espèce d'*Onobrychis*.

80. DASYCHIRA Stph.

Pudibunda L.—Très-commune à Borjom; aussi à Lagodekhi et Helenendorf.

81. LARIA Hb.

L. nigrum Mueller.—N'a été trouvé qu'une seule fois par le Dr. Fixsen à Borjom, le 25 Juillet 1875.

82. LEUCOMA Stph.

Salicis L. — A Lagodekhi, Akhty; assez rare.

83. PORTHESIA Stph.

Chrysorrhoea L. — Lagodekhi, Kasikoparan, Manglis en Juin.

Similis Fuessl. — Borjom, Manglis, Lagodekhi, Akhty, Lenkoran, Kasikoparan en Juillet.

84. PSILURA Stph.

Monacha L.—Borjom, Bakouriani; en Juillet et Août. Les exemplaires ne diffèrent en rien de ceux de l'Europe centrale.

85. OCNERIA HS.

Dispar L. — Très-répandue; à Borjom, Manglis, Lagodekhi, Helenerdorf, Derbent, Kasikoparan, Guéroussi.

Lapidicola HS. — M. Leder nous a envoyé cette année d'Helenendorf deux ♂♂ et une ♀ de cette espèce.

Komarovi Chr. (Pl. I fig. 2). — Cette jolie espèce n'a été prise qu'une seule fois aux environs d'Ordoubad par M. Christoph, en Juin. La description en a été publiée par M. Christoph dans les *Horae Soc. Ent. Ross. T. XVII, pag. 109.*

Terebynthi Frr. — M. Christoph l'a prise l'année passée à Mouganly, au Sud de Sakataly.

Raddei Chr. (Pl. I fig. 3 et 4). — *Alis anticis subelongatis cretaceis, ♂-is in disco leviter infuscatis; serie punctorum strigae subcurvatae ante medium, strigisque obliquis dentatis post medium fuscis, ciliis fusco-alternatis; posticis albidis.*

♂ ♀ Exp. al. ant. 13—16 mm.

Cette nouvelle espèce se rapproche extrêmement de la *Terebynthi* Frr.; cependant je ne crois pas que ce n'en soit qu'une variété. Elle a à peu près les dimensions de la *Terebynthi* et sans parler d'aucune autre différence, ses ailes antérieures sont plus allongées et ont le fond blanc et non gris.

Les antennes diffèrent peu ou pas du tout de celles de la *Terebynthi*. Palpes gris-blanc; l'article terminal court, brun-foncé. Pattes blanc-gris, ventre jaune-blanc. Le thorax est comme le fond des ailes antérieures blanc-craie sale; chez le ♂ celles-ci sont un peu ombrées. Les ailes antérieures sont un peu plus allongées que chez la *Terebynthi*. Le dessin diffère peu de celui de la *Terebynthi*; la ligne transversale antérieure est plus éloignée de la base; elle est composée de plusieurs (3) points noir-brun bien marqués et forme seulement au bord costal une ligne un peu renflée et arquée vers la base. Les deux lignes transversales extérieures ne sont bien accentuées et presque parallèles que vers le bord intérieur; elles disparaissent non loin du bord costal, où se voient néanmoins distinctement deux petits traits un peu renflés;

une petite tache blanche, très-peu visible à cause du fond très clair est extérieurement lisérée par le trait costal de la ligne intérieure (chez la *Terebynthi* cette petite tache se relève parfaitement sur le fond gris). Les franges sont noir-brun et blanches aux extrémités des nervures.

Les ailes postérieures sont blanchâtres, tandis que celles de la *Terebynthi* sont rouge-gris; elles sont un peu diaphanes, à franges jaune-blanc et à reflet soyeux.

Le dessous des ailes diffère aussi sensiblement de celui de la *Terebynthi*; elles sont plus claires, brun-gris et laissent apercevoir le dessin de dessus assez distinctement. Au bord costal, avant l'apex, se trouve une tache blanchâtre et tout à côté de celle-ci, sur le bord extérieur même, une tache plus grande, qui toutes les deux ne sont interrompues que par les nervures. Les ailes postérieures sont blanchâtres, tirant sur le gris vers le milieu et à bord jaune-ocre clair; immédiatement au dessous de celui-ci se dessine assez distinctement une ombre longitudinale noirâtre, qui commence à la base même et dépasse d'un peu la moitié.

Il n'en existe que deux exemplaires, dont le ♂ fut pris par M. Mlokossévitch près de Batras et la ♀ à Charofan, poste cosaque, dans le district de Zangesour, gouvernement d'Elisabethpol, dans la première moitié du mois de Mai.

IX. BOMBYCIDAE B.

86. BOMBYX B.

Crataegi L.—Assez rare; je la possède seulement de Lagodekhi; Haberhauer l'a élevée des chenilles trouvées à Abbastoumau.

Franconica Esp. — Assez répandue; à Bakouriani en Juillet; à Lagodekhi, Daratchitchag, Kasikoparan.

Castrensis L.—A Tiflis, Borjom en Juin et Juillet; à Lagodekhi, Manglis, Eldar, Istissou, Kasikoparan, Derbent, Delijan, Helenendorf. Le papillon varie beaucoup. Aussi la chenille se distingue de celles de l'Europe centrale; elle est d'un bleu grisâtre et n'a que deux bandes assez étroites d'un roux fauve sur le dos. Les chenilles trouvées dans la Perse septentrionale présentent la même aberration.

var. **Kirghisica** Stgr.— Helenendorf.

Neustria L.—Très répandue.

Neogena F. de W.—M. Kindermann l'a prise aux environs d'Elisabethpol.

Eversmanni Ev. — A Tiflis, aux environs de Kars en Août; très fréquente à Helenendorf.—La chenille qui se nourrit d'une espèce d'*Astragalus* a été trouvée l'année passée par M. Christoph près de Poïly, 3-e station du chemin de fer de Tiflis à Bakou; en Avril.

Trifolii Esp. — Helenendorf, Delijan et Kasikoparan.

Quercus L. — Très répandue; à Borjom, Lagodekhi, en Souanétie, en Juillet.

87. CRATERONYX Dup.

Balcanica HS.—A Borjom et Helenendorf; à Borjom je l'ai trouvée assez fréquemment en Septembre et Octobre; elle aime à se reposer sur les vitres des réverbères.—Un exemplaire a été pris à Ananour, sur la route de Tiflis à Vladicaucase.

88. LASIOCAMPA Latr.

Quercifolia L.—Borjom, Souram, Manglis, Helenendorf, Lagodekhi, Guéroussi, en Juillet.

Tremulifolia Hb.—Borjom, Mouganly, Lagodekhi en Mai et Juin.

Ilicifolia L.—Moins fréquente que l'espèce précédente; à Borjom en Avril et Mai.

Pini L.—Borjom et Manglis en Juillet et Août; je possède une jolie aberration de cette espèce.

Otus Drury.—M. Mlokossévitsch nous a communiqué que la chenille de ce bombycide n'est pas rare dans la vallée du Kour, non loin de l'embouchure du Jora et de l'Alazan; il les a trouvées sur le *Juniperus excelsa*.

X. SATURNIDAE B.

89. BRAHMAEA Wlk.

Lunulata Brem. var. **Christophi** Stgr. (Pl. I fig. 5).— C'était en 1870 que M. Christoph en trouva pour la première fois la chenille près des eaux chaudes aux environs de Lenkoran. Au mois de Juillet 1874 il la retrouva aux mêmes endroits en grand nombre. La chenille se nourrit d'une espèce de frêne. Le papillon éclot en Avril.

90. SATURNIA Schrk.

Pyri Schiff.—Très-répandue; à Tiflis, Borjom, Igdir, Erivan, Ordoubad, Derbent, Hankynda. M. Sievers en a trouvé les chenilles dans un jardin situé sur le versant méridional de l'Alaghez, à une hauteur de 5700 p. A Borjom on en trouve les chenilles presque exclusivement sur le noyer (*Juglans regia*).

Spini Schiff.—M. de Hedemann la cite de Manglis.

Cephalariae Chr. (Pl. XIV). — ♂*-is antennae perlonge pectinatae dilute brunnescente-luteis. Alae anticae fusco-cinereae, area basali latiore quam haec area Saturniae spini, inde margine anteriore griseo, ocellis majoribus, sitis in campo lutescente-albido, distincte fusco-cinereo circumdato, fascia geminata postica undulato-dentata, infra ocellum valde inflexa; posticarum arena media albido-cinerea, obscurius nebulosa. ♂ et ♀ concolores.*

Exp. al. ant. ♂-is . . . . 33 mm.
♀-ae . . . . 40 mm.

La découverte d'une nouvelle *Saturnia* sur le territoire de la faune européenne, et surtout sur le territoire voisin de l'Europe est certes un évènement. L'élévage des chenilles ne présentait aucune difficulté à l'endroit même où elles furent trouvées, c'est-à-dire à Kasikoparan, petit village habité par des Kourdes (Jésides) et des Tatares, à l'ouest de l'Ararat et à quelques kilomètres de Koulp, connu par ses salines. Kasikoparan est pittoresquement situé sur le versant du Perlidagh (11,000 p.), à une hauteur de 7,000 p. environ. Les chrysalides apportées avec tous les soins possibles à St.-Pétersbourg, demandèrent au contraire un soin particulier. Il en périt une partie et le reste, une centaine de pièces, se fit longtemps attendre. La question ce qui adviendrait de ces chrysalides, dont les chenilles avaient une ressemblance aussi frappante avec celles de la *Pavonia* L., nous occupait à un haut degré.

Le 7 décembre 1882 parut la première ♀ parfaitement développée, qui ressemblait extrêmement aux deux espèces européennes, la *S. Spini* Schiff. et la *S. Pavonia* L.—Après un examen plus exact on lui trouva une différence bien sensible avec ces deux espèces, mais comme ce n'était que l'unique exemplaire, on supposa que cette différence n'était qu'éventuelle.—Maintenant succéda un long intervalle avant que le second exemplaire ne vînt à éclore. Tout l'hiver de 1882—1883, ainsi que l'été, l'automne et l'hiver de 1883—1884 s'écoulèrent sans qu'aucun papillon ne vînt à paraître. L'été de 1884 s'écoula aussi, et je croyais qu'il ne nous serait pas donné de savoir quelque chose de plus exacte quant à ce papillon, lorsque le 9 Novembre un ♂ du même coloris que la ♀, comme chez la *S. Spini*, vint à éclore inopinément. Les deux jours suivants parurent encore deux ♀ ♀. Une comparaison et un examen fondamentaux avec la *S. Spini* m'ont persuadé, que cette *Saturnia* est une nouvelle espèce et je l'ai nommée d'après la *Cephalaria procera*, seule plante qui lui serve de nourriture.

Grâce à sa ressemblance avec la *S. Spini* il me faut établir la différence entre ces deux espèces; il serait superflu de la comparer avec la *S. Pavonia*, comme la ressemblance n'est à trouver que dans la chenille de ces deux espèces.

Les antennes du ♂, qui ont plus d'un tiers de la longueur du bord costal, sont pectinées; les lamelles en sont plus longues et d'un jaune-brun plus clair que chez *Spini*, la tige est en dessous d'un jaune-ocre clair.—Les antennes de la ♀ sont crènelées de dents plus prononcées et plus claires que chez *Spini*.

Tête, thorax, ainsi que pattes et ventre ne se distinguent que par une teinte un peu plus claire des parties gris-brun et par les intersections abdominales, qui sont d'un blanc-jaune sale, tandis que chez *Spini* elles sont d'un blanc pur. Le fond des ailes est d'un gris brunâtre plus uniforme, tantôt plus clair, tantôt plus foncé. Chez la *Spini* le fond de l'aile sous l'oeil est toujours plus clair. L'espace basal avance plus vers le milieu que chez la *Spini*. La raie longitudinale blanchâtre, qui le traverse, est en conséquent plus longue et devient vers l'extérieur plus large que chez la *Spini*. Le brun-gris foncé de l'espace basal va jusqu'au bord antérieur, tandis que chez la *Spini* le bord antérieur, à largeur considérable, est gris-bleu clair ou gris-violet depuis la base. Cette teinte grise qui s'élargit vers l'extérieur est interrompue de nerfs jaunâtres, ce qui est moins visible chez la *Spini*. Les yeux des deux ailes sont plus grands, mais bordés d'un cercle moins prononcé, que chez *Spini*, ce qui les rend plus pâles. Le fond blanchâtre, où se trouve l'oeil des ailes antérieures, est un peu plus resserré, d'un côté par l'espace basal, de l'autre côté par la raie fulgurée, qui, tous les deux, avancent plus vers le milieu.— Le fond blanchâtre de la *Spini* est un peu plus allongé et les limites en sont moins marquées. Chez la *Cephalariae* au contraire l'espace blanchâtre est distinctement séparé de tous côtés du fond des ailes. Chez *Spini* on remarque trois taches cunéiformes blanc-rouge, se dirigeant de l'oeil vers l'angle apical; chez *Cephalariae* il n'existe qu'une seule petite tache cunéiforme gris-blanc, qui se trouve entre la 4-me et 5-me subcostale, dans un angle de la raie fulgurée. La tache allongée au-dessous de l'angle apical est plus large, d'un rouge-pourpre plus prononcé et va presque jusqu'au bord extérieur. La tache ovale près de l'angle apical est plus allongée, moins régulièrement arrondie et d'un rose tendre. Chez *Spini* elle est plus large, régulièrement arquée vers l'extérieur et presque d'un blanc pur. La double raie transversale postérieure ou fulgurée se trouve chez la *Cephalariae*, dès son commencement, plus vers le milieu et a des angles plus irréguliers; l'angle qui se trouve sous l'œil est pour la plupart plus allongé que les autres. — La bande marginale est tout à fait semblable à celle de la *Spini*.—L'espace médian au dessous

de l'œil est aussi foncé, que le fond à l'extérieur de la raie
fulgurée.

Si l'on compare les ailes postérieures avec celles de la
Spini, on n'y trouve guère de différence, hors une teinte plus
foncée.

Le dessous des ailes ne se distingue que par un dessin
moins prononcé et une teinte plus claire.

La chenille ressemble beaucoup à celle de la *Pavonia*. A
l'état adulte elle atteint une longueur de 81 mm. sur une
grosseur de 15 à 16 mm. Les mandibules sont brunes et
noires. La tache frontale triangulaire est brun-noir, munie
au centre d'un trait cunéiforme assez large. Sur le fond vert
de la tête on voit plusieurs grandes taches irrégulières noir-
brun, entourées en dessus et sur les côtés d'un cercle de
points noirs. — La partie inférieure de la tête est munie de
petits poils blanchâtres. Les pattes écailleuses sont brunes.
Les deux articles antérieurs sont bordés de noir à leur extrémité et le dernier article est tout noir. La moitié antérieure
du segment de la tête est d'un vert sale et gris-noir sur les
côtés. Les autres segments sont d'un vert-herbe éclatant.
La peau est un peu luisante. Les incisions sont marquées par
des bandes noires assez larges. Au milieu de chaque segment
se trouve aussi une bande transversale noire,qui a des taches
vertes assez irrégulières sur les côtés. Sur cette bande noire
sont disposés sur le dos quatre tubercules de couleur orange;
chaque tubercule est surmonté de sept poils courts, roides et
noirs, dont six en cercle et le septième au centre. En plus
les segments sont munis de quelques poils courts et blancs,
à disposition et direction irrégulières. Les stigmates sont assez
grands, ovales, noirs et entourés de grosses lignes noires et
de taches, dont le nombre et la dimension augmentent dans la
direction du ventre. Ici se trouve encore au milieu d'une plus
grande tache noire, de deux côtés, le troisième tubercule. Le

ventre est d'un vert un peu plus pâle. Au milieu se trouve une large ligne longitudinale noir-brun pâle, interrompue dans les incisions. Les pattes membraneuses sont vertes en dessus et à tache oblongue et horizontale brun-noir; le reste des pattes est brun-noir.

Voici ce que M. Christoph m'a communiqué sur cette chenille.

„Je découvris la première chenille près de Kasikoparan à la fin de Juillet. Comme je ne la trouvai pas sur la plante, dont elle se nourrit, et que je la pris d'abord pour un exemplaire très grand de la *S. Pavonia*, je lui donnai pour nourriture une *Spiraea*, sur laquelle j'ai souvent vu la *S. Pavonia*, aussi dans la Transcaucasie, aux environs du lac Goktscha. Comme elle ne goûta pas de cette plante, je lui donnai le *Prunus*, le *Rhamnus* et le *Salix*, mais elle ne toucha à aucune de ces plantes. Bientôt après je trouvai cette belle chenille en grande quantité sur la *Cephalaria procera*, dont les feuilles sont son unique nourriture. Ces chenilles sont poursuivies par une grande espèce d'*Ichneumon* et une grande *Tachina*. Les petites chenilles sont presque toutes noires, cependant après la troisième mue, elles deviennent tout à fait semblables aux adultes. Cette chenille mange beaucoup et grandit avec une vitesse surprenante. Le cocon a la plus grande ressemblance avec celui de la *S. Spini*. La forme en varie beaucoup, celle en poire lui et pourtant propre. La couleur brune en est tantôt plus claire, tantôt plus foncée.—Il ne m'a jamais réussi de trouver le cocon, ce qui me fait supposer que la chenille se métamorphose dans de profondes fentes de rochers. La chrysalide ressemble à celle de la *Spini*. Il m'est inconnu dans quel mois ce papillon vole. Je suppose néanmoins, à en juger par la localité élevée (environ 7000 p.), qu'elle a son vol à la fin de Mai. Le territoire, où j'ai observé cette chenille, est assez restreint. Je ne l'ai vue qu'à la hauteur ci-dessus mentionnée, sur une étendue d'environ 35 verstes. J'aimerais ajouter encore en passant que la *Cephalaria procera* est répandue dans la zone subalpine du Caucase et de la Transcaucasie. La chenille de la *Heliothis Imperialis* Stgr. vit aussi sur la même plante. Cette espèce cependant ne se rencontra jamais là où j'ai trouvé la chenille de la *Saturnia Cephalariae*".

Pavonia L.—L'unique exemplaire ♂ a été pris par M. Sievers aux environs de Tiflis en Avril. M. Christoph en a trouvé les chenilles sur des framboisiers à Istidara et à Daratchitchag sur une espèce de *Spiraea*.

Caecigena Kupido.—Je possède deux exemplaires de cette espèce; l'un a été pris à Helenendorf par M. Leder et l'autre par M. Sievers à Tiflis, au centre de la ville, en Septembre. M. Christoph en trouva les chenilles à Lischk, sur des chênes (en Juin).

XI. DREPANULIDAE B.

91. DREPANA Schrk.

Binaria Hufn. — Les deux exemplaires de ma collection viennent de Lagodekhi.

92. CILIX Leach.

Glaucata Sc.—Très fréquente à Borjom, Lagodekhi, Helenendorf et Manglis; en Juillet et Août.

XII. NOTODONTIDAE B.

93. HARPYIA O.

Furcula L.— Lagodekhi; les exemplaires de Helenendorf sont assez grands.

var. **Forficula** F. d. W. — Un ♂ a été pris à Lagodekhi.

Bifida Hb. — Borjom et Bakouriani; assez rare. La chenille en a été trouvée sur des trembles.

Interrupta Chr. (Pl. II. fig. 2 a, b).—Cette belle espèce, qui jusqu'en 1883 n'avait été trouvée qu'à Sarepta, fut prise par M. Christoph à Ordoubad et par M. Leder à Helenendorf; elle vole vers la fin du mois de Mai. L'année passée M. Leder nous en a envoyé de nouveau plusieurs exemplaires; ils ne diffèrent du type que par la couleur plus foncée et paraissent être identiques avec la *H. Petri*, décrite et figurée par M. Alphéraky dans son précieux travail sur les Lépidoptères du district de Kouldjà *(Horae Soc. Ent. Ross. T. XVII, pag. 37. Tab. I, fig. 36)*.

Vinula L. — Très-fréquente à Borjom, Manglis, Lagodekhi et Helenendorf.

94. STAUROPUS Germ.

Fagi L.—Assez rare; Borjom et Lagodekhi; j'en ai trouvé les chenilles à Borjom vers la fin du mois de Juin.

95. UROPUS B.

Ulmi Schiff. — Tiflis, en Mai; très fréquente à Mzkhet en Avril; on en trouve les chenilles vers la fin du mois de Mai sur l'*Ulmus campestris* L.

96. NOTODONTA O.

Tremula Cl. — Borjom et Bakouriani; en Juin.

Ziczac L. — Bakouriani et Lagodekhi. La chenille en Août.

Tritophus F.—L'unique exemplaire ♀ a été pris à Lagodekhi par M. Mlokossévitsch; le 1 Juillet.

Grummi Chr. (Pl. I. fig. 6). — *Alis anterioribus elongatis griseis, striga crenulata obscuriore obsoleta; posticis cinerascentibus, ciliis nigricantibus anguli analis.*

1 ♀ Exp. al. ant. 30 mm.

Quoique cette *Notodonta* n'ait aucune trace d'une dent au bord interne et que par là même on pourrait former un nouveau genre, cependant, je ne m'y décide pas comme il n'y a de pris que la ♀. Elle ressemble le plus à la *N. Trepida* Esp. à côté de laquelle elle peut être rangée en attendant.

Palpes courts et presque entièrement cachés dans de longs poils gris. Les antennes sont sétacées, blanc-gris, annelées de noir-brun et dentelées; les dents sont courtes et brunes. Les pattes, gris-clair, sont légèrement couvertes de poils laineux médiocrement longs, descendant jusqu'aux tarses, qui sont de la même couleur. Ventre gris-jaune clair, thorax recouvert de poils gris. Les deux premiers segments de l'abdomen sont gris-brun; les autres segments sont gris et plus clairs vers l'extrémité de l'abdomen.

Les ailes antérieures sont du même gris que le thorax. Le fond est blanchâtre parsemé assez régulièrement d'écailles noir-brun; la bande transversale intérieure est à peine à remarquer, ainsi que le point central gris foncé. La bande ou ligne transversale postérieure est plus visible, quoiqu'elle ne soit pas trop marquée. Elle est subondulée et dentée, commence à peu près au $^2/_3$ du bord costal et traverse obliquement toute la largeur des ailes antérieures. Au-delà de cette ligne les nervures sont noirâtres. Les franges sont gris-clair et aux extrémités des nervures gris-foncé. La largeur et la forme des ailes antérieures sont comme celles de la *N. Tritophus* F. Les ailes postérieures sont d'un blanc-gris tirant sur le jaunâtre; les franges, un peu jaunâtres, sont noirâtres depuis l'angle anal jusqu'à environ $^1/_4$ du bord postérieur.

Le dessous des ailes ne présente aucun dessin; les ailes postérieures sont un peu plus claires.

La seule ♀ fut prise à Ordoubad le 15 Mai, près d'un jardin, à la lumière de la lampe.

J'ai nommé ce papillon en l'honneur de M. Grumm-Grshimaïlo, entomologue fort zélé à St.-Pétersbourg.

Dromedarius L. — A été trouvé une seule fois à Tiflis.

Chaonia Hb. — Lenkoran; en Juin.

Trimacula Esp. — Lenkoran, Helenendorf.

ab. **Dodonaea** Hb. — Borjom et Lagodekhi; en Juin.

97. LOPHOPTERYX Stph.

Camelina L. — Borjom et Bakouriani; la chenille en Août.

Cuculla Esp. — Borjom, Lagodekhi, Kodjori; en Juin.

98. PTEROSTOMA Germ.

Palpina L. — Très fréquente à Lagodekhi; à Borjom et Helenendorf; en Mai et Juin.

99. DRYNOBIA Dup.

Velitaris Rott.— Borjom, Lagodekhi, Manglis, Adjikent, Delijan; en Juin et Juillet.   .

100. PHALERA Hb.

Bucephala L. — Borjom et Lagodekhi; le papillon vole en Avril et Mai; on trouve la chenille sur des tilleuls en Juillet et Août.

101. PYGAERA O.

Curtula L.—Borjom, Lagodekhi et Helenendorf; en Juin.

Pigra Hufn.—Tiflis, Borjom; très fréquente à Helenendorf.

XIII. CYMATOPHORIDAE HS.

102. GONOPHORA Brd.

Derasa L. — Tiflis, Borjom, Helenendorf, Lagodekhi et Koussari; en Juin. On trouve la chenille sur une espèce de *Rubus*.

103. THYATIRA O.

Batis L. — Borjom, en Juin; à Kodjori.

Hedemanni Chr. (Pl. II, fig. 3).—*Alis anterioribus brunneis, rufescente griseo mixtis, lineis tribus transversalibus undulatis fuscis, maculis sordide roseis, una magna basali (ut in Batis), duabus costalibus infra obsoletis et anali; posticis fuscescente griseis.*

♂ ♀ Exp. al. ant. 17 mm.

M. le Dr. Staudinger, auquel ce papillon fut envoyé, le trouve être une variété de la *Th. Batis*. Quoique la ressemblance avec cette espèce soit bien grande, je ne puis néanmoins partager cette opinion, comme le manque de la tache au bord interne, que M. Staudinger ne suppose être qu'accidentel, ne forme pas la seule différence. En plus la *Th. Batis* fut prise à deux endroits de la Transcaucasie. Si toutefois la *Th. Hedemanni* varie un peu, néanmoins jusqu'à présent on n'a trouvé aucun exemplaire qui forme une transition à la *Th. Batis*. Il suffit d'établir la différence entre ces deux espèces.

Les palpes et les antennes ne diffèrent pas essentiellement. Les ailes antérieures sont un peu plus longues et plus larges que celles de *Batis* et le bord costal est un peu plus arqué. La tache claire basale est comme celle chez *Batis*. Les deux taches au bord costal près de l'angle apical sont plus petites et toujours réunies, tandis que chez *Batis* elles sont toujours séparées par une ligne noir-brun de la couleur du fond. Sur le côté inférieur elles se perdent insensiblement sur le fond des ailes, qui est plus clair chez *Hedemanni*. La tache anale est pour la plupart plus petite que chez *Batis* et ses limites se dessinent peu distinctement sur le fond brun-clair. La petite tache à côté de celui-ci au bord intérieur, qu'on trouve toujours chez *Batis*, manque à cette espèce. Toutes ces taches qui sont d'un beau rose et blanc avec une nuance brune à l'intérieur, sont d'un rose sale chez la *Hedemanni*. Le fond est d'un brun plus clair et tirant tantôt plus, tantôt moins sur le rose-gris. Une ligne noirâtre entoure la tache basale; la partie entre cette ligne et cette tache est un peu plus foncée que le reste du fond. Une seconde ligne, moins distincte, commence au bord costal, au-delà de la moitié, forme un angle presque droit vers l'extérieur et traverse en ligne oblique les ailes jusqu'au bord intérieur. Depuis la tache antérieure du bord costal, jusqu'à la tache anale se prolonge en ligne droite une raie crènelée bien distincte, que la *Batis* possède, il est vrai, mais qui est plus oblique et dirigée vers la petite tache rouge près du bord extérieur.

Les ailes postérieures sont un peu plus foncées que celles de la *Batis*.

Cette espèce nous a été envoyée en grande quantité par M. Mlokossévitsch de Lagodekhi, où elle fut prise en Mai, Juin et Août. L'année passée nous reçûmes de M. Leder plusieurs exemplaires d'une conservation irréprochable; il les avait pris sur la lampe à Helenendorf et Koussari.

104. CYMATOPHORA Tr.

Octogesima Hb. — Borjom, Helenendorf, Lagodekhi, Ordoubad, Kasoumkent; en Mai et Juin.

Or F. — Borjom, Bakouriani, Helenendorf et Lagodekhi; en Avril et Mai.

Ces deux espèces varient beaucoup; plusieurs de mes exemplaires présentent des formes transitoires d'une espèce à l'autre.

C. Noctuae.

105. DILOBA Stph.

Caeruleocephala L.—L'unique exemplaire de ma collection a été pris par M. Leder à Helenendorf.

106. SIMYRA O; Tr.

Dentinosa Frr.—La chenille est très fréquente et répandue; elle se nourrit de l'*Euphorbia Gerardiana*. L'insecte parfait n'a pas encore été pris.

107. DEMAS Stph.

Coryli L.—Assez répandue; à Borjom en Avril et Mai.

108. ACRONYCTA O; Tr.

Leporina L. — Helenendorf; assez rare.

Aceris L. — Borjom, Manglis, Lagodekhi, Kasikoparan, Koussari, Lenkoran; en Mai et Juin.

Megacephala F.—Borjom, Helenendorf, Lagodekhi, Koussari; en Juillet.

Alni L. — Borjom, en Juin; j'ai trouvé la chenille sur *Corylus Avellana* en Septembre.

Strigosa F.—L'unique exemplaire, pris par M. Leder à Koussari, est très-petit.

Pontica Stgr.—M. Christoph nous a apporté une ♀ de cette belle espèce l'année passée d'Ordoubad; l'exemplaire est parfaitement bien conservé et a été pris au mois de Mai sur le tronc d'un arbre.

Tridens Schiff. — Borjom, Lagodekhi, Koussari, Derbent; au Talyche; en Juillet et Août.

Psi L. — Borjom, Lagodekhi, Helenendorf; très-commune.

Cuspis Hb. — Borjom; la chenille s'y nourrit de *Corylus Avellana*.

Auricoma F. — Borjom et Bakouriani.

Euphorbiae F. — Borjom, Manglis, Lischk, bord du lac de Goktcha; Juin, jusqu'en Août.

Rumicis L.—Partout très fréquente; Tiflis, Derbent, Lenkoran, Ordoubad etc.; Mai, Juillet.

Ligustri F. — Istidara, Koussari et Lenkoran; en Août et Septembre.

109. BRYOPHILA Tr.

Petricolor Ld. — Tiflis, Markopi, Borjom, Manglis, Helenendorf, Délijan, bord du lac de Goktcha; en Juillet.

Raptricula Hb.—Helenendorf, Sakataly, Bakou, Ordoubad; en Juin.

Strigula Bkh.—Helenendorf.

Algae F. ab. **Calligrapha** Bkh. — Borjom, Lagodekhi, Helenendorf, Sakataly; Juin et Juillet.

Muralis Forst.—Borjom, Atskhour, Helenendorf; de Juillet jusqu'en Septembre.

Seladona Chr. (Pl. II, fig. 4). — *Alis anticis lacte viridibus, lineis, interrupta prope basin et lineis terminantibus spatium medium infuscatum, postica denticulata, maculis costalibus limbalibusque nigris; posticis fusco-cinereis, ciliis albicantibus.*

1 ♂ Exp. al. ant. 14 mm.

Le coloris de cette belle espèce la rapproche de la *Br. Umovii* Ev. et de la *Br. Muralis* Forst. Le dessin de ses ailes antérieures et les raies, qui encadrent l'espace médian, la font beaucoup ressembler à la première; quant au dessin des ailes postérieures, il en diffère complètement. Le dessin des ailes antérieures diffère essentiellement de celui de *Muralis*.

Les antennes brunes sont garnies d'une double rangée de poils roides, courts et blanchâtres. Les palpes, assez velus, sont bruns, parsemés d'écailles blanches; l'article terminal est un peu renflé et tronqué [1]).

La tête et le thorax ont le même beau coloris vert-clair des ailes antérieures, saupoudrés d'atomes noirâtres, avec un reflet bleu pas aussi prononcé que chez la *Muralis*, mais plutôt tirant sur le jaune. L'abdomen est gris-fumée foncé, comme les ailes postérieures.

Les ailes antérieures sont plus courtes et plus pointues, que chez la *Muralis* et la *Perla*, et le bord intérieur n'est pas aussi évasé que chez ces deux espèces. A la base se trouve une ligne légèrement dentelée et parfois interrompue.

L'espace médian, assez large, a des raies latérales semblables à celles de la *Umovi*. Vers la base il est bordé d'une ligne noire très marquée et ondulée, qui intérieurement est flanquée d'une autre moins prononcée. Ces deux lignes sont séparées par un fond blanchâtre. La ligne postérieure noire, également géminée, dessine la limite extérieure de l'espace médian

---

[1]) Chez *Muralis* Forst. et *Perla* F. les écailles sont adhérentes et l'article terminal est plus long et plus fin.

et traverse les ailes presque dans la même direction comme chez *Umovi*; elle est cependant fortement dentelée à partir du milieu. Une partie de l'espace médian vert est recouverte de taches et de petits traits noirs; cependant les taches, orbiculaire et réniforme, ainsi que quelques autres parties, sont vertes. Avant l'angle apical se trouvent encore plusieurs traits noirs et à partir de la plus grande tache du bord costal, au centre de laquelle se trouve une petite tache blanche, se prolonge la légère ombre d'une ligne ondulée au-delà de la demi largeur de l'aile. Les petits points noirs marginaux, se trouvant entre les nervures, sont très distincts; vers le bord extérieur ces petits points ont un bord blanc, ce qui leur donne la forme d'une demi-lune. La frange noir-brun est alternée de blanc.

Ailes postérieures couleur fumée-foncé un peu plus claires vers la base; la lunule discocellulaire est peu prononcée; une raie un peu foncée et effacée ne diffère presque en rien de celle de *Muralis*. La moitié intérieure de la frange est brun-gris mêlée de blanc. Extérieurement la frange est blanche, hors quelques taches brunes.

Le dessous des ailes ressemble à celui de *Muralis*, seulement qu'il est plus foncé.

Un seul exemplaire ♂ de cette espèce fut pris le 2 Août sous une tente, près de Kasikoparan.

Perla F.—Borjom, Helenendorf; Juillet et Août.

Maeonis Ld.—Tiflis et Borjom, de Juillet jusqu'en Septembre.

110. VICTRIX Stgr.

Karsiana Stgr.—Ce nouveau genre, ainsi que l'espèce ont été décrits par le Dr. Staudinger dans les *Horae Soc. Ent.*

Ross. T. XIV, pag. 489. Ce papillon n'a pas été retrouvé depuis l'année 1877. — L'unique exemplaire a été pris aux environs de Kars.

111. MOMA Hb.

Orion Esp.—Borjom; très rare.

112. AGROTIS O. Ld.

Polygonides Stgr. (Pl. II. fig. 5).—Kourouche; en Juillet.

var. **Obscura** Stgr. (Pl. II. fig. 6).—Aussi à Kourouche.

Janthina Esp. — Cette espèce a été prise par le lieutenant-général Komaroff à Derbent en Juin; l'année passée M. Leder nous a envoyé un bon nombre d'exemplaires de Helenendorf et de Koussari.

Linogrisea Schiff. — Borjom et Istidara; en Juillet et Août.

Fimbria L.—Borjom, Istidara, Koussari, très fréquente à Helenendorf.

Obscura Brahm. — Tiflis, Borjom, Manglis, Helenendorf, Lagodekhi, Zarskije-Kolodzy, Kasikoparan; aussi sur l'Ararat; depuis Mai jusqu'en Septembre.

Pronuba L. — Tiflis, Borjom, Kodjori, Lagodekhi, Helenendorf, Koussari; depuis Mai jusqu'en Octobre.

ab. **Innuba** Tr.—Plus fréquente que le type; Tiflis, Borjom, Helenendorf, Lagodekhi, Eldar; steppe de Mougan; en Juillet, jusqu'en Septembre.

Orbona Hufn. — Tiflis, Borjom, Helenendorf, Lagodekhi, Eldar, Koussari, Ordoubad, Istissou, Lischk; depuis Mai jusqu'en Juillet. *

Comes Hb. ab. **Prosequa** Tr. — Tiflis et Derbent; Mai et Juin.

Triangulum Hufn. — Borjom, Manglis, Istidara; Juillet, Septembre.

Baja F.—Très fréquente à Borjom et Istidara; Lagodekhi et Khotchaldagh; depuis Juin jusqu'en Août.

C. nigrum L. — Très commune à Borjom et Istidara; Tiflis, Helenendorf, Koussari, Lagodekhi; depuis le mois de Juin jusqu'en Septembre.

Xanthographa F. ab. **Cohaesa** HS.—Lagodekhi et Kasikoparan en Juillet; le type n'a pas encore été trouvé.

Rubi View.—Un seul exemplaire a été pris à Koussari.

Festiva Hb.—Markopi, Adjikent et Lagodekhi; en Juin.

Depuncta L.—Istidara; en Août.

Margaritacea Vill.—Borjom; en Août.

Larixia Gn.—Kasikoparan; en Juillet.

Multangula Hb.—Kasikoparan; en Juillet.

Rectangula F. var. **Andereggii** B. — Kasikoparan; en Juillet.

Cuprea Hb.—Istidara; en Août.

Luperinoïdes Gn.

Anachoreta HS. — Ces deux espèces volent toujours ensemble; elles sont très répandues et très fréquentes dans la zone subalpine, à une hauteur de 6—8000 p. au-dessus du niveau de la mer. Kourouche, aux bords du lac de Goktcha, Bakouriani, Guetchinan, Khotchaldagh etc.; en Juin, Juillet et Août. M. Christoph les a trouvées sur le Saridagh à une élévation d'environ 13,000 p.

Alpestris B.—Kasikoparan et Kourouche; en Juillet.

Plecta L.—Tiflis, Borjom, Manglis, Helenendorf et Lagodekhi; Mai et Juin; Août.

Musiva Hb. — L'unique exemplaire a été pris par M. Christoph à Kourouche, au Daghestan, en Août.

Flammatra F.—Tiflis, Borjom, Helenendorf, Lagodekhi, Istissou, Eldar, Ordoubad, Bakou et Lenkoran. Les exemplaires venant de Helenendorf sont très grands et le dessin en est plus accentué.

Candelisequa Hb.—Quelques exemplaires présentent des formes transitoires à la var. **Rana** Ld. Elle est très fréquente à Kasikoparan, où M. Christoph la trouva pendant la nuit, reposant sur les fleurs de la *Cephalaria procera*. — Seconde moitié de Juillet.

Simulans Hufn. — Tiflis, Noukha, Hadji-lamau (lac de Goktcha), Grand-Ararat, Helenendorf; Mai et Juin.

Lucernea L.—Kourouche.

Helvetina B. — Kourouche; sur le Goutour-dagh à une hauteur de 9,000 p.; en Juillet.

Ala Stgr.—Ordoubad, Istissou; Mai et Juin.

Putris L.—Helenendorf, Lagodekhi, Koussari; vers la fin de Mai et en Juin.

Signifera F.—Deux ♂ ♂ de Tiflis; en Mai.

var. **Insignis** Stgr. i. litt.—Helenendorf et Akhaltzikhe.

Improcera Ersch. — Tiflis, Derbent, Ordoubad, Tschemakhly et Erivan. Les exemplaires ne diffèrent en rien de ceux, que j'ai reçu du Dr. Staudinger et qui proviennent du „Toura".

à point central très prononcé, à bande arquée et à bord foncé.

Jusqu'à présent ce papillon n'a été trouvé que dans des vallées rocheuses assez élevées près d'Ordoubad, sous des pierres. Il vole depuis la mi-Mai jusqu'au commencement de Juin.

125. ISOCHLORA Stgr.

Viridis var. **Viridissima** Stgr. — Kourouche; en Juin et Juillet; jusqu'à 10,000 p. d'élévation.

126. HADENA Tr.

Leuconota HS. — Helenendorf.

Adusta Esp. — Lagodekhi, Helenendorf; en Juin.

Ochroleuca Esp. — M. Christoph en a trouvé deux exemplaires ♂ ♂ sur la *Cephalaria procera* à Kasikoparan; en Juillet.

Montana HS. — Le Dr. Staudinger la possède de Helenendorf.

Zeta Tr. — Kourouche, en Juillet; Borjom, Manglis, en Juin.

var. **Pernix** H.-G. — Le Dr. Staudinger la cite d'Akhaltsikhe.

Furva Hb. — Lagodekhi, Kodjori, Akhty, Kasikoparan et Kourouche; en Juin et Juillet.

Abjecta Hb. — L'unique exemplaire ♀ a été pris à Kasikoparan; en Juillet.

var. **Variegata** Stgr. — Le Dr. Staudinger la possède d'Akhaltsikhe.

Lateritia Hufn. — Borjom, Kourouche, Kasikoparan; en Août.

Monoglypha Hufn. — Borjom, Manglis, Helenendorf, Lagodekhi, Koussari, Istidara, Akhaltsikhe; en Juillet et Août; très fréquente.

Lithoxylea F.—Borjom, Manglis, Helenendorf, Istidara, Kasikoparan; vers la fin de Juillet et en Août.

Sordida Bkh.—Le Dr. Staudinger la cite de Helenendorf.

Basilinea F.—Borjom, Bakouriani; en Juillet.

Rurea F.—Borjom, Lagodekhi; en Juillet.

ab. **Alopecurus** Esp. — Borjom.

Unanimis Tr.—Borjom, Helenendorf, Lagodekhi; Juin et Juillet.

Didyma Esp., ab. **Nictitans** Esp. et ab. **Leucostigma** Esp.—Le type et les deux aberrations sont très fréquentes à Borjom, Manglis, Istissou, Helenendorf, Istidara et Kasikoparan; en Août.

Literosa Hw. — Elle est très rare; je ne possède que quelques exemplaires pris à Istidara; en Août.

Strigilis Cl.—Lagodekhi; en Juillet.

ab. **Latruncula** Lang.—Cette aberration est très répandue et très fréquente; Borjom, Lagodekhi, Mzkhet, Tatief, Istidara, Koussari; depuis le mois de Mai jusqu'en Août.

Bicoloria Vill. et ab. **Furuncula** Hb. — Helenendorf, Kasikoparan et Istidara.

127. DYPTERYGIA Stph.

Scabriuscula L.—Très fréquente et très répandue; p. e. à Borjom, Helenendorf, Manglis, Lagodekhi, Koussari etc.; en Juillet.

128. RHIZOGRAMMA Ld.

Detersa Esp.—Borjom; en Août. Très rare.

129. CHLOANTHA B.

Hyperici F. — Borjom, Bakouriani, Lagodekhi, Eldar, Koussari, Lischk, Istidara; en Juillet.

Polyodon Cl.—Borjom, Lagodekhi; en Juillet.

Radiosa Esp.—Bakouriani, Daratchitchag et Lischk; elle vole pendant la journée et aime à se reposer sur les fleurs de *Thymus Serpyllum*.

130. ERIOPUS Tr.

Purpureofasciata Pill. — Borjom; très fréquente à Lagodekhi; aussi à Lenkoran, où la chenille a été trouvée par M. Christoph sur la *Pteris aquilina*; en Juin et Juillet.

Latreillei Dup.—Borjom, Lagodekhi; en Juin.

131. POLYPHAENIS B.

Sericata Esp.—Borjom; en Juillet; mais rare.

132. TRACHEA Hb.

Atriplicis L. — Borjom; très abondante à Lagodekhi et Lenkoran; depuis le mois de Mai jusqu'en Juillet.

133. EUPLEXIA Stph.

Lucipara L.—Très commune à Lagodekhi; en Juillet.

134. HABRYNTIS Ld.

Scita Hb. — Lagodekhi, Manglis, Bakouriani, Istidara, Istissou; en Juillet et Août.

135. BROTOLOMIA Ld.

Meticulosa L. — Tiflis, Borjom, Helenendorf, Kodjori, Lagodekhi; depuis le mois d'Avril jusqu'en Novembre.

136. MANIA Tr.

Maura L. — Borjom, Lagodekhi, Helenendorf; Juin et Juillet.

137. NAENIA Stph.

Typica L. — A Lagodekhi elle paraît être très fréquente; Helenendorf; depuis le mois d'Avril jusqu'en Juin.

138. HYDROECIA Gn.

Nictitans Bkh. — Borjom, Istidara. Ce papillon, si nuisible en Russie, paraît être très rare au Caucase.

Mœsiaca HS. — Un exemplaire de cette rare espèce m'a été envoyé l'année passée par M. Leder de Helenendorf.

139. GORTYNA O.

Ochracea Hb. — L'unique exemplaire que je possède, m'a été envoyé de Hélenendorf.

140. MYCTEROPLUS HS.

Puniceago B. — Plusieurs exemplaires on été recueillis par M. le Lieut.-Gén. Komaroff à Derbent; en Mai et Juin.

141. TAPINOSTOLA Ld.

Musculosa Hb. — Un exemplaire à dessin très peu prononcé a été pris par M. Bayern à Délijan.

142. ARGYROSPILA HS.

Succinea Esp. — Tous mes exemplaires ont été pris par M. Christoph à Kasikoparan; on la trouve se reposant sur les tiges de diverses graminées; en Juillet.

143. LEUCANIA O.

Impudens Hb.—Lagodekhi; en Juillet.

Pallens L. - Lenkoran; en Juin.

Comma L.—Borjom, Lagodekhi, Kasikoparan; en Juillet.

Conigera F. -- Borjom, Bakouriani, Istidara, Kourouche et Koussari; en Août.

Vitellina Hb.— Tiflis, Borjom, Bakouriani, Helenendorf, Koussari; en Juillet et Août.

L. album L.—Borjom, Lagodekhi, Helenendorf, Ordoubad; en Juillet et Août.

Congrua Hb. — L'unique exemplaire a été pris par M. Sievers aux environs de Lenkoran; en Mai.

Albipuncta F. — Bakouriani, Lagodekhi, Helenendorf, Koussari, Istidara, Eldar, Ordoubad; en Juillet et Août.

Lithargyria Esp.—Borjom, Manglis, Helenendorf, Lagodekhi, Istidara; en Août et Septembre.

Turca E. — Un exemplaire de Helenendorf.

144. MITHYMNA.

Imbecilla F.—Borjom, Bakouriani, Manglis, Alexandropol, Kars; en Juillet.

145. GRAMMESIA Stph.

Trigrammica Hufn. — Borjom, Koussari; vers la fin d'Août.

146. CARADRINA O.

Exigua Hb.—Partout très fréquente; Juin et Juillet.

Morpheus Hufn. — Lagodekhi, Helenendorf et Daratchi-tchag; depuis le mois de Mai jusqu'en Novembre.

Vicina Stgr. (Pl. III. fig. 3). — Autant qu'il m'est connu, jusqu'à présent il n'existe pas de dessin de cette espèce. Elle a été décrite par le Dr. Staudinger dans la *Berlin. Ent. Zeit. 1870, p. 118.* Lagodekhi, Adjikent, Derbent; Juin, jusqu'en Août.

Quadripunctata F.—Tiflis, Helenendorf, Lagodekhi, Ordoubad, Lischk, Derbent, défilé de Boum (près de Noukha); depuis le mois de Mai jusqu'en Septembre.

Selini B. — Lagodekhi, Igdir; en Août et Septembre. Les exemplaîres sont très petits.

Kadenii Frr.—Helenendorf, Lagodekhi.

Respersa Hb.—Helenendorf, Istidara; très rare. Au commencement de Septembre.

Aspersa Rbr.—Borjom.

Superstes Tr.—Borjom, Lagodekhi, Helenendorf, Ordoubad, Istissou, Derbent; en Juin et Juillet.

Ambigua F.—Borjom, Helenendorf, Istidara; en Août.

Taraxaci Hb. — Helenendorf, Koussari, Kasikoparan, Istissou, Istidara, aux environs de Lenkoran; en Septembre.

Lenta Tr. — Tiflis, Lagodekhi, Helenendorf, Ordoubad; en Mai et en Août.

Gluteosa Tr. — Helenendorf.

Palustris Hb.—Tiflis, Helenendorf; en Juin. L'exemplaire de Helenendorf se distingue par sa grande taille.

Lepigone Möschl.— Lagodekhi; en Juillet.

Paupera Chr. (Pl. III. fig. 4). -- *Alis anticis latis, rufocinereis; strigis duabus fuscis, priore obsoleta subperpendiculari, exteriori leviter arcuosa, denticulata, macula parva post medium striolaque ante maculam fuscescentibus, ad limbum serie lunularum nigrarum; posticis rufescente-griseis, limbo fusco; ciliis dilutioribus.*

1 ♂ Exp. al. ant. 14 mm.

Je doute fort que cette noctuelle puisse être rangée parmi les *Caradrina*. Comme je n'ai qu'un seul exemplaire, il m'est impossible d'en préciser le genre.

Palpes ascendants près de la tête. Le second article, latéralement recouvert de squames serrées et adhérentes, est noir-brun à bordures jaunâtres. L'article terminal est mince, court et jaune-gris. Pattes gris-rouge, velues, tarses brun-foncé, jaunâtres à l'extrémité. Antennes filiformes, rougeâtres, à cils blanchâtres, à peine visibles. Tête et thorax de la même couleur que les ailes antérieures, c. à d. gris-brun, un peu rougeâtres. L'abdomen est assez long, à touffe anale allongée.

Ailes antérieures assez larges pour une *Caradrina* et peu pointues. Leur couleur est brun-gris, un peu rougeâtre, à reflet soyeux. L'extrabasilaire, peu distincte et peu courbée, prend une direction oblique depuis le bord costal jusqu'au bord interne. La coudée, distinctement dentelée et légèrement courbée, traverse l'aile en se rapprochant bien peu de la base. La réniforme n'est indiquée que par une petite tache, précédée d'un petit trait transversal. Tous ces dessins sont d'un brun-gris foncé. La partie postérieure de l'aile est dépourvue de dessin et un peu plus foncée vers le bord extérieur. Le long de celui-ci se trouve une rangée de petites taches ou points noir-brun, en demi-lune, intérieurement lisérés de jaune. La frange est un peu plus claire, que le fond des ailes.

Les ailes postérieures assez larges sont aussi brun-gris, rougeâtres, sans dessin, seulement plus claires vers la base; le bord est noirâtre, la frange gris-jaune.

Le dessous des ailes a un reflet soyeux plus prononcé; le brun-gris est plus pâle, que celui du dessus des ailes. Les ailes antérieures n'ont aucune trace de dessin. Le bord extérieur des ailes postérieures est un peu plus foncé; une bande ou ombre marginale, brunâtre, est peu visible.

L'unique exemplaire a été pris par M. Christoph le 12 Août à Erivan, à un relais de poste, sur une lanterne.

147. RUSINA B.

Tenebrosa Hb. — Je l'ai prise à Borjom une seule fois; M. Leder me l'a envoyée de Koussari; en Août.

148. AMPHIPYRA O.

Styx HS. — L'unique exemplaire a été pris par M. Christoph aux environs du lac de Goktcha; en Juillet.

Tragopoginis L. — Borjom, Manglis, Helenendorf, Adjikent, Istidara, Kasikoparan; Juillet, Août.

Tetra F. — Sakataly; en Août.

Livida F. — Lagodekhi; très fréquente à Helenendorf; en Juillet et Août.

Pyramidea L. — Borjom, Lagodekhi, Helenendorf, Tiflis, Manglis, Istidara et Lenkoran; depuis le mois de Juin jusqu'en Août.

Perflua F. — L'unique exemplaire a été capturé à Borjom; en Août.

149. TAENIOCAMPA Gn.

Pulverulenta Esp. — Un seul exemplaire de Tiflis; en Avril

Sieversi Rom. (Pl. III. fig. 5). — *Alis anticis cervinis, rufescente mixtis, fasciarum fuscarum interiore angulata, postica crenulata, maculis ordinariis, orbiculata ad angulum fasciae interioris, reniforme fusco expleta ciliis rufescentibus; posticis griseo-rufescentibus, puncto strigaque fuscis.*

1 ♂ Exp. al. ant. 16 mm.

Cette jolie espèce se rapproche de la *T. Incerta* Hufn.; elle diffère néanmoins sensiblement de cette dernière et il serait impossible de réunir ces deux espèces.

Sa teinte générale est brun-rosâtre entremêlé de gris. La poitrine est velue, le ventre d'un rouge-brun un peu plus vif, que chez *Incerta*. Les pattes sont rouges, couleur rouille. Les palpes à longs poils sont extérieurement noir-brun et intérieurement jaune ocre. Les antennes sont bipectinées; les lamelles en sont beaucoup plus longues que celles d'*Incerta*. Les pattes postérieures sont d'un rouge-rouille clair. La tête, le thorax et les ailes antérieures sont rouge-brun entremêlé de gris-clair.

Les ailes antérieures sont plus étroites que chez *Incerta*, l'apex est arrondi et le bord extérieur plus rétréci que chez cette dernière. Le mélange du gris clair avec le brun clair rougeâtre prédomine principalement sur le tiers basal et au bord costal. L'extrabasilaire est interrompue; elle forme extérieurement un angle obtus. L'orbiculaire est remplacée par

une tache noir-brun. La réniforme aussi n'est pas distinctement cerclée; elle n'est indiquée que par un trait transversal jaunâtre, derrière lequel se trouvent deux taches de forme
indéfinie et de couleur brun-foncé [1]). La coudée est analogue
à celle d'*Incerta*. L'ombre médiane foncée rouge-brun est
moins distincte que chez *Incerta*; la ligne ondulée n'existe pas
du tout. Le fond des ailes et principalement l'espace entre
la coudée et le bord extérieur, est parsemé de petits traits
et de points bruns, peu serrés. Le bord extérieur est lisse,
tandis que celui d'*Incerta* est légèrement ondulé. Les points
marginaux sont d'un brun noirâtre et moins distincts vers
l'angle interne. Les franges sont longues et concolores.

Les ailes postérieures sont d'un gris-jaune rougeâtre; le
point central est un peu effacé de même que la bande médiane externe foncée; le bord extérieur est faiblement ombré,
les franges un peu plus claires.

Le dessous des ailes antérieures est d'un gris-rougeâtre,
clair-semé vers le bord d'écailles noir-brun. La coudée est
indiquée par un rang de petits points noir-brun et la réniforme par un trait transversal noir, qui se prolonge jusqu'à
la moitié de l'aile.

En Avril ce papillon a été découvert par M. le Dr. Sievers dans une fente de rocher derrière le jardin botanique de
Tiflis.

Gracilis F.—Un exemplaire ♂ a été pris par M. Mlokossévitsch à Lagodekhi; en Mai.

Incerta Hufn. — Borjom, Lagodekhi; en Juin.

---

[1]) Chez *Incerta* les deux taches ordinaires sont toujours très grandes,
de forme régulière, très nettement cerclées et bordées d'un liséré plus clair.

150. MESOGONA B.

Acetosellae F. — Borjom; Juillet et Septembre.

151. HIPTELIA Gn.

Ochreago Hb.—Borjom, Bakouriani, Kourouche et Kasikoparan, en Août. Les exemplaires de Kasikoparan sont d'un jaune plus clair que les typiques.

152. DICYCLA Gn.

Oo L. — Lenkoran; en Juillet.

153. CALYMNIA Hb.

Pyralina View. — Lagodekhi; en Juin.

Affinis L. — Borjom, Helenendorf, Lagodekhi, Lenkoran; en Juillet.

Trapezina L. — Borjom, Helenendorf, Lagodekhi, Guéroussi, Istidara; en Août.

154. DYSCHORISTA Ld.

Suspecta ab. **Iners** Tr. — Borjom; en Juillet.

Fissipuncta View. — Tiflis, Borjom, Helenendorf, Lagodekhi, Lischk; depuis le mois de Mai jusqu'en Août.

155. PLASTENIS B.

Subtusa F. — Borjom et Lagodekhi; en Août.

156. CIRROEDIA Gn.

Borjomensis Rom. (Pl. III. fig. 6). — *Alis anticis flavo-
ferrugineis, puncto in spatio basali maculaque reniforme dilute-
fuscis, strigis ambabus, interiore subrecta, postica oriente e costa
supra maculam reniformem subquadratam, illique parallela usque
ad* $^3/_4$ *marginis anterioris, inde fracta in angulum parallela
limbo undulato, ciliis ochraceis, foras rufo-fuscis; posticis lutescentibus, striga media limboque rufescentibus.* 1 ♀.

Exp. al. ant. 17 mm.

La poitrine de même que les longs poils, qui couvrent les
cuisses, sont d'un blanc rougeâtre. Les tibias, les tarses et l'abdomen d'un rouge-rouille clair. Les palpes sont d'un rouge-
brun clair, en dessous recouverts de poils d'un blanc-rou-
geâtre. Front brun-rougeâtre; sommet de la tête — blanc-
rougeâtre. Les antennes sont filiformes, à articles peu proémi-
nents et à cils très courts. Thorax rouge-jaunâtre.

Les ailes antérieures sont assez larges et d'une forme analogue à celle de *Xerampelina;* l'apex presque rectangulaire,
est couleur jaune-rouille. Sur l'espace basilaire on remarque
un petit point noir. L'extrabasilaire est presque droite et
perpendiculaire. La coudée ressort au-delà de la moitié du
bord costal; mais comme, dès son commencement, elle tourne
vers l'extérieur et longe le bord costal jusqu'au $^2/_3$ de sa
longueur, il paraît que c'est d'ici qu'elle ressort. Après avoir
formé près du bord costal un angle presque tout droit elle se
prolonge, parallèlement au bord extérieur, jusqu'au bord interne.
La réniforme brun-noirâtre est assez grande, quadrangulaire à

angles obtus. Le bord extérieur est légèrement crênelé. Les franges sont rouge-brun, avec des taches alternantes un peu plus foncées sur la moitié externe

Les ailes postérieures sont d'un blanc-jaune rougeâtre à ligne ondulée marginale. Cette ligne est rougeâtre de même qu'une partie de l'espace basilaire.

Le dessous des ailes est d'un blanc rougeâtre; la coudée est assez distincte; l'espace basilaire ombré d'un brun-rouille; les franges d'un brun-rouge foncé. Le dessous des ailes postérieures ne se distingue du dessus que par une couleur un peu plus foncée.

J'ai pris l'unique exemplaire de cette espèce le 26 Août à Borjom.

Xerampelina Hb. — Je n'en possède qu'un exemplaire mâle de Lagodekhi; en Août.

157. CLEOCERIS B.

Viminalis F. — Borjom; en Août.

158. ORTHOSIA O.

Circellaris Hufn. — Borjom, Lagodekhi; depuis le mois d'Août jusqu'en Novembre.

Helvola L. — Borjom, Lagodekhi; Août, jusqu'en Novembre.

Nitida F. — Borjom, Istidara; Août et Septembre.

Litura L. — Borjom; en Septembre. Très rare.

159. XANTHIA Tr.

Sulphurago F. — Un exemplaire ♂, pris à Atskhour en Août.

Flavago F. — Kasikoparan; en Septembre.

Fulvago L. — Borjom; en Septembre.

Gilvago Esp.—Borjom, Lagodekhi, Karaïas; en Septembre et Octobre.

160. HOPORINA B.

Croceago F. — Borjom,Mauglis; eu Septembre.

161. ORRHODIA Hb.

Vaccinii L. — Borjom; en Août et Septembre.

ab. **Mixta** Stgr. — Lagodekhi; en Décembre.

Ligula ab. **Subspadicea** Stgr. — Lagodekhi; en Novembre et Décembre.

Rubiginea T.—Borjom, Lagodekhi; en Septembre.

162. SCOPELOSOMA Curt.

Satellitia L. — Borjom, Lagodekhi; depuis le mois de Septembre jusqu'en Novembre.

163. SCOLIOPTERYX Germ.

Libatrix L. — Borjom, Lagodekhi, Helenendorf, Koussari; en Juin, jusqu'en Août.

164. CALOCAMPA Stph.

Exoleta L.—Tiflis et Borjom; en Août et Septembre.

165. XYLOMYGES Gn.

Conspicillaris L. — Tiflis et Borjom; depuis le mois de Mars jusqu'en Mai.

ab. **Melaleuca** View. — Tiflis.

166. ASTEROSCOPUS B.

Sphinx Hufn. — Borjom; en Octobre.

167. DASYPOLIA Gn.

Templi Thnb. — Le premier exemplaire en fut pris par M. Sievers au gymnase militaire de Tiflis, le 18 Octobre; l'année passée M. Leder nous en envoyé un exemplaire de Helenendorf.

168. CALOPHASIA Stph.

Casta Bkh.—Prise une fois par M. Mlokossévitsch à Lagodekhi, vers la fin de Juillet.

Freyeri Friv.—Lederer la cite de Helenendorf; M. Leder nous l'a envoyée l'année passée du même endroit; très rare.

Lunula Hufn. — L'unique exemplaire, pris à Borjom en Juillet, est très foncé et le dessin en est très accentué.

Forcipula Hb.—Borjom, Atskhour, Helenendorf, Istissou; en Juin et Juillet.

Squalorum Ev. — Ordoubad, Kasikoparan; en Mai et Juillet. Au crépuscule sur les fleurs de la *Cephalaria procera*.

Hahni Chr. (Pl. II. fig. 8).—*Alis anticis cervinis, fusco-pulveratis, postice infuscatis, maculis ordinariis magnis, concoloribus fusco-cinctis, strigis mediis saepius interruptis vix crenulatis, linea undulata dentata antelimbali fuscis; posticis albidis, externe et in venis dilute infuscatis.*

♂ ♀ Exp. al. ant. 14—15 mm.

Elle se rapproche le plus de l'*Agr. Squalorum* Ev. Néanmoins elle se distingue facilement par le fond gris-brun un peu rougeâtre de ses ailes, les lignes transversales très-peu dentelées, ainsi que par sa plus petite dimension.

Palpes revêtus d'écailles un peu hérissées gris-brun. L'article terminal lisse et court, tronqué et ne dépassant que peu les poils du second article. La poitrine et les pattes sont blanchâtres, velues et hérissées. Les tarses sont extérieurement tachetées de brun foncé. Le ventre blanc-jaune; tête gris-rouge, moins lisse que chez *Squalorum*. Les antennes du ♂ sont plus épaisses et à cils plus longs que chez *Squalorum*. Les antennes de la ♀ sont également ciliées. Le collier gris-rouge est séparé du corselet par une ligne noir-brun très fine mais distincte. Les épaulettes sont gris-foncé au milieu et à bord gris-rouge. Abdomen gris-jaune; pinceau anal du ♂ court, comme chez *Squalorum*.

Les ailes antérieures sont plus étroites que chez *Squalorum* et le bord intérieur plus arqué, ce qui donne aux ailes une forme plus arrondie. Comme le fond est peu sablé d'atomes foncés, il est d'un gris-rouge plus clair et plus pur que chez *Squalorum*. Le dessin est analogue à celui de *Squalorum*; il présente néanmoins des différences sensibles. L'orbiculaire et la réniforme sont très grandes, de la couleur du fond des ailes et très distinctement cerclées. L'espace, qui sépare les taches, est noir-brun foncé. La raie transversale intérieure, traversant l'aile comme chez *Squalorum*, est légèrement ondulée et interrompue; elle est formée par trois taches anguleuses, dont l'une se trouve au bord antérieur, l'autre au milieu et la troisième au bord intérieur. La raie transversale extérieure est également peu accentuée et seulement indiquée par des taches noir-brun, dont l'une se trouve au bord intérieur, une seconde plus loin, jointe à une troisième. Chez *Squalorum* cette raie est parfaitement visible et distinctement dentelée. Le dessin de l'espace basal est analogue à celui de *Squalorum*, mais plus distinct et formé par une ligne transversale, atteignant la moitié de la largeur des ailes. D'ici ressort une raie longitudinale noir-brun, qui se prolonge jusqu'au liséré clair de la ligne transversale interne et atteint le milieu de l'aile après avoir traversé une tache sagittée. Cette raie reparaît en forme de trait assez épais à l'intérieur de la bande extérieure. Chez des exemplaires à dessin plus prononcé elle finit par une tache sagittée dans l'ombre fuscescente, qui, plus foncée que le fond, est limitée extérieurement par une ligne dentelée très accusée. C'est ainsi que se forme une espèce de bande longitudinale interrompue, qui manque à *Squalorum*. Les points marginaux sont comme chez *Squalorum*. Les franges sont brun-gris vers leur base et gris-jaunâtre à l'extérieur.

Ailes postérieures blanchâtres, gris-foncé vers le bord et aussi à nervures grises.

Le dessous des ailes antérieures est presque en entier gris-fumée et celui des ailes postérieures blanchâtre, légèrement ombragé vers le bord. Chez *Squalorum* elles sont blanches à large bord noir.

Les deux sexes ne se distinguent ni par leur coloris, ni par leur dessin.

M. Christoph a pris ce papillon déjà en 1873 en Juillet près de Shakouh, dans la Perse septentrionale, en plusieurs exemplaires parfaitement semblables à ceux de la Transcaucasie. Ces derniers ont été pris déjà à la mi-Mai, près d'Ordoubad à la lueur de la lampe. On peut supposer ainsi deux générations.

Je me fais un plaisir de la nommer en l'honneur de M. Ch. Hahn, maître de gymnase à Tiflis, qui a enrichi la faune des lépidoptères de la Transcaucasie par bien d'intéressants exemplaires.

Raddei Chr. (Pl. II. fig. 9) — Cette espèce, décrite par M. Christoph dans les *Horae Soc. Ent. Ross. T. XII, pag. 246*, a été retrouvée à Kasikoparan et Guéroussi; en Juillet.

Birivia Hb.—Trouvée par M. Sievers à Borjom; très rare.

Decora Hb. — Les exemplaires pris par M. Christoph à Kasikoparan sur les fleurs de la *Cephalaria procera*, en Juillet, sont un peu plus foncés que ceux venant de la Suisse.

Renigera Hb. — La couleur en varie beaucoup; elle est tantôt gris-fumée, tantôt rose-brunâtre; aussi le dessin est-il différemment accentué. Je ne possède que des exemplaires d'Ordoubad, où cette espèce vole en Mai; elle n'y est pas rare. M. Hedemann la cite de Manglis.

Caucasica Stgr.—M. le Dr. Staudinger la cite d'Akhaltsikhe.

Cos Hb.—Kourouche et Kasikoparan; en Juillet.

Korsakovi Chr. (Pl. II. fig. 10).—*Antennis ♂-is bipectinatis. Alis anticis griseis, strigis transversalibus duabus fuscis, interiore subrecta, oblique posita, exteriore subcurvata, parallela* *limbo, linea undulata submarginali bis-interrupta fusca; posticis cinereis, ciliis cinereo-flavescentibus.*

♂-is Exp. al. ant. 17 mm.

Jusqu'à présent nous ne possédons de cette belle espèce que deux exemplaires ♂ ♂, qui nous ont été envoyés par M. Leder d'Helenendorf.

Le dessin des ailes antérieures rappelle celui de l'*Agr. Foeda* Ld., qui cependant est colorée tout autrement. Néanmoins ces deux espèces doivent se suivre immédiatement dans le système.

Elle est plus grande que *Foeda*.

Palpes divergents et peu ascendants. Le second article est assez robuste et légèrement velu, noir-brun à l'extérieur, gris clair à l'intérieur. L'article terminal court et tronqué est garni d'écailles noir-brun. Antennes de la moitié de la longueur des ailes antérieures, brunes et bipectinées. Tête revêtue de poils épais, hérissés, gris-clair. Poitrine à longs poils. Les pattes gris-clair velues jusqu'aux tarses; celles-ci gris-fumée. Les deux paires d'éperons des pattes postérieures sont robustes. Abdomen brun grisâtre; thorax gris, recouvert d'écailles non lisses.

Ailes antérieures assez larges. Fond gris-uni, qui fait parfaitement ressortir le dessin. Celui-ci est principalement composé de deux lignes transversales brun-noir, qui encadrent l'espace médian et dont la ligne intérieure très accusée commence, comme chez *Foeda*, au premier tiers du bord antérieur et se prolonge en ligne oblique vers l'extérieur jusqu'au bord inférieur; ici, un peu au-delà de la moitié, elle se réunit à la ligne transversale extérieure. Cette dernière, ayant la même direction que chez *Foeda*, commence au $^3/_4$ du bord costal et ne décrit qu'une légère courbe vers l'extérieur. Elle est particulièrement prononcée sur la moitié antérieure et n'est interrompue que sur les nervures, ce qui lui donne un aspect légèrement ondulé ou dentelé. La tache réniforme, grande et cerclée de points noir-brun, ressort assez distinctement. Les deux autres taches ne sont pas visibles. L'espace entre la raie postérieure et le bord extérieur est traversé par une ligne ondulée, dentée et interrompue; près du bord costal elle n'est indiquée que par deux taches noir-brun. Une ombre, interrompue par les nervures, est placée entre cette ligne et le bord extérieur. Les larges franges sont concolores, un peu jaunâtres à la base et à l'extrémité des nervures.

Ailes postérieures gris-fumée, un peu plus claires vers la base; franges gris-jaune.

Le dessous des ailes est blanc-gris, hyalin, principalement vers la base et gris-fumée foncé vers le bord. Les nervures et le bord des deux ailes sont jaunâtres.

J'ai nommé cette jolie noctuelle en l'honneur de l'aide-de-camp général N. V. Korsakov, qui quoique pas connaisseur lui-même, a toujours montré un vif intérêt pour les lépidoptères et a fait tout son possible pour en faciliter les recherches au Caucase.

Exclamationis L. — Très-commune.

Spinifera Hb. — M. le Dr. Staudinger la possède du Caucase.

Romanovi Chr. (Pl. II. fig 7). — *Alis anticis flavo-ochraceis, strigis duabus obsoletis dentatis lineaque antelimbali rufescentibus, maculis ordinariis parvis; punctis limbalibus nigris dimidioque postico ciliorum rufo-fusco; posticis lutescentibus, limbum versus infuscatis.*

1 ♀ Exp. al. ant. 18 mm.

Parmi les Agrotides jaunes je ne connais que la *Flavina* HS. et la *Leonina* Stgr. à côté desquelles on puisse ranger cette belle espèce.

Elle se distingue de *Flavina* par un jaune moins pur,

par les taches ordinaires petites et foncées et par les raies
transversales. *Leonina* est d'un jaune brunâtre et le dessin
en diffère aussi.

Le second article des palpes et assez long, peu recourbé
et ascendant, rouge-jaune; l'article terminal est court, tronqué, lisse et un peu pendant. Trompe bien développée, couleur rouille, dépourvue d'écailles. Premier article des antennes court, un peu renflé. La tige, de dessus jaune-rougeâtre
clair, atteint le $^2/_3$ du bord costal. Thorax, ventre et cuisses
à longs poils blanc-jaune; tarses rouge-jaune. Abdomen jaune-
blanc à écailles peu serrées; pinceau anal court, qui fait un
peu ressortir l'oviducte.

Le fond des ailes antérieures est d'un jaune paille. Les
deux raies transversales sont très peu prononcées, surtout la
raie intérieure, dont la denteure est à peine visible. La raie
extérieure, un peu plus distincte, ondulée est un peu courbée et presque parallèle au bord extérieur. L'espace entre
cette raie et le bord extérieur est occupé par une bande
ombrageuse dentelée. Toutes ces raies sont couleur rouille,
assez foncée. La tache orbiculaire est très petite, mais assez
distincte. La tache réniforme ressemble à un ovale perpendiculaire d'un gris-rouge plus foncé. La partie extérieure de la
frange est de la même couleur. Une série de petits points
noirs marginaux se trouve entre les nervures.

Les ailes postérieures sont blanc-jaune et gris-fumée vers
le bord et sur les nervures. La frange est d'un blanc jaunâtre.

Le dessous des ailes est d'un jaune bien plus pâle, mais
les antérieures sont enfumées à leur centre. Le point cellu-
laire est à peine indiqué. La partie extérieure de la frange
est aussi foncée qu'en dessus.

Le seul exemplaire ♀, fraichement éclos, fut trouvé le
19 Juillet à Kasikoparan sous une pierre.

Nigricans L. — Tiflis, Istidara, Kourouche; en Juillet et Août.

Tritici L. — Borjom, Helenendorf, Kourouche, Kasikoparan; Juillet et Août.

var. **Aquilina** Hb.—Tiflis, Borjom, Atskhour, Bakouriani, Helenendorf, Manglis, Derbent, Kasikoparan.

Hilaris Frr. — Kourouche, en Août.

Vitta Hb.—Helenendorf, Kasikoparan.

Multifida Ld.—M. le Dr. Staudinger la possède d'Akhaltsikhe.

Conifera Chr.—M. Christoph nous a apporté cette espèce de Kasikoparan; ces exemplaires sont plus foncés et d'un dessin plus accentué que ceux de Kourouche et de la Perse septentrionale. En Août.

Obelisca Hb.—Borjom, Helenendorf, Apcheron; en Juin.

Hastifera Donz. — Kourouche; aussi à Kasikoparan, où en Juillet et au mois d'Août on la trouve le soir, se reposant sur les fleurs de la *Cephalaria procera*.

Conspicua Hb.—Très répandue et fréquente. Tiflis, Borjom, Helenendorf, Lagodekhi, Ordoubad, Ourmous, Kasikoparan, Nakhitchevan, Mazra, Koussari, Derbent, sur le mont Ararat; en Juin.

var. **Lycarum** Ev. — Tiflis, Lagodekhi, Mazra et Kourouche.

Saucia Hb.—Borjom, Lagodekhi, en Juillet.

Ypsilon Rott. — Borjom, Lagodekhi, Koussari, Lenkoran; en Août et Septembre.

Segetum Schiff.—Tiflis, Borjom, Helenendorf, Hankynda, Kourouche, Koussari. Presque tout l'été.

Corticea Hb. — Tiflis, Bakouriani, Daratchitchag, Kourouche; en Juin et Août.

Crassa Hb.—Borjom, Lagodekhi, Noukha; très fréquente à Helenendorf. En Août.

Obesa B. — Tiflis et Helenendorf; très rare. En Mai et Juin.

Fatidica Hb.—Kourouche; on la trouve pendant la journée sur des fleurs.

Praecox L.—Borjom; en Juillet et Août.

Prasina F.—Tiflis et Bakouriani; en Juin et Juillet.

113. CHARAEAS Stph.

Graminis L. var. **Megala** Alph.—Cette variété, trouvée par M. S. Alphéraky à Kouldjà, a été recueillie par M. Christoph aussi à Kourouche; vers la fin de Juillet.

114. NEURONIA Hb.

Popularis F. — Tiflis et Borjom; au mois de Septembre.

115. MAMESTRA Tr.

Bombycina Ev.—Helenendorf.

Serratilinea Tr.—Aux environs du lac de Goktcha.

Advena F.—Elle est très fréquente à Istidara; en Août.

Nebulosa Hufn.—Borjom, Lagodekhi, Helenendorf, Koussari et Istidara; en Août et Septembre.

Contigua Vill.— Je la possède seulement de Lagodehki.

Thalassina Rott.—Koussari.

Brassicae L.—Très fréquente à Tiflis, Lagodekhi, Helenendorf, Manglis, Koussari, Choucha; depuis le mois de Juin jusqu'en Septembre.

Persicariae L.—Plusieurs exemplaires ont été pris à Lagodekhi; elle vole au mois de Juillet.

Albicolon Hb.—Tiflis, en Mai et Juin; un exemplaire a été recueilli au mont Ararat.

Egena Ld.—Le Dr. Staudinger la possède de Helerendorf.

Oleracea L.—Très fréquente à Tiflis, Borjom, Lagodekhi, Helenendorf, Koussari, Istissou, Ordoubad, en Mai et Juin.

Genistae Bkh.—Borjom, Lagodekhi, Helenendorf, Koussari et Ordoubad; en Juillet et Août.

Dentina Esp.—Borjom et Bakouriani; depuis le mois de Mai jusqu'en Juillet.

Peregrina Tr.—Bakou.

Dianthi Tausch.—Tiflis, Helenendorf et Lagodekhi; en Mai et Juin.

Praedita Hb.—Eldar, Helenendorf, Tschemakhly; au commencement du mois de Mai.

Trifolii Rott.— Tiflis, Helenendorf, Lagodekhi, Eldar, Ordoubad et Derbent; en Juin.

Sodae Rbr.—Helenendorf, Ordoubad et Erivan; en Avril et Mai.

Accurata Chr. (Pl. II. fig. 11). — Cette espèce a été décrite par M. Christoph dans les *Horae Soc. Ent. Ross. T. XVII, p. 110.* Elle est très répandue dans la Transcaucasie; j'en possède des exemplaires de Helenendorf, Eldar, Ordoubad, Derbent et du mont Kapoudschik; en Mai et Juin.

Reticulata Vill. — L'unique exemplaire (♂) de cette espèce vient du Mont Ararat, où il a été pris par M. Mlokossévitsch à une élévation de 8500 p.

Chrysozona Bkh. — Très répandue; Tiflis, Borjom, Manglis, Helenendorf, Lagodekhi, Ordoubad, Kasikoparan; en Mai et Juin.

Serena F. — Lagodekhi, Helenendorf et Lenkoran; depuis le mois d'Avril jusqu'en Juin. Les exemplaires de Lagodekhi présentent le passage à la var. *Leuconota* Ev.

Cappa Hb. — Borjom et Atskhour; Juin et Juillet. Assez rare.

116. DIANTHOECIA B.

Luteago Hb. — Tiflis, Borjom, Istissou; très fréquente à Helenendorf; en Juin et Juillet Les exemplaires de Helenendorf se rapprochent de la var. *Argillacea* Hb.

Proxima Hb. — Prise par M. Christoph à Kourouche; en Août.

Caesia Bkh. — M. Christoph en a pris à Lischk un exemplaire ♂, qui diffère sous beaucoup de rapports de la forme typique et représente probablement une nouvelle espèce. L'espace médian en est d'un blanc jaunâtre et le reste de la surface des ailes antérieures d'un gris très-foncé.

Filigrama Esp. var. **Xanthocyanea** Hb. — Tiflis, Borjom, Abbastouman, Guéroussi, Kedabeg, Guétchinan, Lischk, en Juillet.

Magnolii B.—Tiflis, Borjom, Manglis, Helenendorf; pas rare. En Juillet.

Nana Rott.—Très rare; seulement de Lagodekhi; en Août.

Albimacula Bkh.—M. de Hedemann la cite de Manglis.

Compta F. var. **Obscurata** Stgr. — Kasikoparan; en Juillet.

Capsincola Hb.—Borjom, Manglis, Lagodekhi et Ordoubad; en Juillet.

Cucubali Fuessl.—Borjom, Lagodekhi; en Juin.

Carpophaga Bkh. — Les exemplaires sont plus petits et plus pâles que ceux d'Allemagne. Atskhour, Helenendorf, Lagodekhi et Ordoubad. Depuis le mois de Mai jusqu'en Juillet.

Silenes Hb. — Je la possède seulement de Helenendorf, d'où M. Leder nous a envoyé bon nombre.

117. ONCOCNEMIS Ld.

Confusa Frr. — Kasikoparan; en Juillet et Août; le soir sur les fleurs de *Cephalaria procera*. Les exemplaires présentent des formes transitoires à la var. *Rufescens* Stgr.

118. EPISEMA O.

Glaucina Esp. — Borjom et Helenendorf: depuis le mois de Juillet jusqu'en Septembre.

ab. **Dentimacula** Hb.—Très fréquente à Helenendorf.

ab. **Unicolor** Dup. — Aussi à Helenendorf.

Lederi Chr. (Pl. III. fig. 1 a, b). — *Antennis ♂-is longe pectinatis Alis anticis griseis, venis albidis, stigmatibus permagnis brunneo-impletis albo-circumscriptis, strigis, interna curvata, unidentata, externa arcuoso-sinuata crenulata nigris, area media fusco-cinerea impleta, linea limbali crenulata nigra; posticis fusco-cinereis ♂-is, ♀-ae dilutioribus, ciliis lutescentibus.*

Exp. al. ant. 13 — 16 mm

Nous étions d'abord portés à compter cette noctuelle pour une variété de *Glaucina* Esp. Cependant le Dr. Staudinger l'a reconnue pour une nouvelle espèce.

Elle se rapproche le plus de *Glaucina*. La forme et la grandeur des taches ordinaires sont essentiellement analogues. L'extrabasilaire et la coudée sont dentelées ou crênelées; surtout la dernière fait une courbe très sensible vers la base avant d'atteindre le bord interne. Aussi le bord des deux ailes n'est-il pas si fortement crênelé chez *Glaucina*.

Les palpes et les pattes ne se distinguent pas essentiellement de celles de *Glaucina*, ce ne sont que les tarses qui sont tachetées de brun foncé et de gris-jaune. Les barbules des antennes des mâles sont plus allongées; thorax et tête gris-cendre; écailles un peu hérissées. Abdomen légèrement recouvert d'écailles gris-jaune clair et à courte touffe anale chez le ♂.

Les ailes antérieures ont la même forme que celles de *Glaucina*. La couleur varie du gris-terre au jaune-sable. On trouve aussi des exemplaires d'un gris plus ou moins clair. L'orbiculaire et la réniforme sont toujours distinctement cerclées. L'espace médian est tantôt plus, tantôt moins ombragé. L'extrabasilaire est moins courbe que chez *Glaucina* et est entrecoupée par les nervures blanc-jaune. La coudée fait deux courbes assez prononcées vers la base; elle est dentelée et extérieurement bordée de blanc. Une raie ombrageuse assez foncée, commençant par une tache près de l'angle apical, longe la coudée. Une seconde raie ombrageuse, souvent interrompue, souvent très peu visible, longe le bord extérieur; une fine ligne noire ondulée suit le bord extérieur. Les franges sont un peu plus foncées que le fond.

Les ailes postérieures sont gris-jaune, plus foncées chez le ♂, aussi à liséré noir et à franges gris-jaune.

Le dessous des ailes antérieures est un peu moins enfumé que celui de *Glaucina*, et les ailes postérieures sont gris-jaunâtre. Le liséré noir et dentelé est très distinct.

Ce papillon fut pris en masse à Helenendorf par M. Leder.

Paenulata Chr. (Pl. II. fig. 12). — *Alis anticis lutescentegriseis, fusco pulveratis, strigis, antica oblique posita, tantum expressa ad dimidium, postica curvata, interrupta venis fuscis, macula renali umbraculaque ante limbum fuscescentibus; posticis lutescente-griseis, postice vix obscurioribus.*

1 ♀ Exp. al. ant. 20 mm.

Quoique nous n'ayons malheureusement qu'un seul exemplaire (♀) de cette nouvelle espèce à notre disposition, il serait néanmoins dommage de renoncer à sa publication, comme elle diffère si sensiblement de toutes les espèces connues de ce genre et ne peut être comparée à aucune d'elles.

Elle est de la taille de l'*Ammoconia Caecimacula* F., avec laquelle elle a quelque ressemblance.

L'article terminal des palpes est court, tronqué et un peu pendant. Antennes filiformes dépassant un peu la moitié du bord costal. Poitrine et fémurs légèrement recouverts de poils blanc-gris; tarses gris-jaune. Tête et corselet gris-rougeâtre clair. Abdomen gris-jaune.

Les ailes antérieures avec franges sont assez larges et pointues à peu près comme chez *Glaucina*. Elles sont gris-jaune rougeâtre clair, à reflet soyeux et sablées de petits atomes noir-brun. Des taches ordinaires il n'y a de visible que la réniforme, dont la moitié extérieure est d'un gris plus foncé. L'extrabasilaire n'apparaît que comme trait oblique noir-brun. La coudée, interrompue par les nervures, commence au-delà du $^3/_4$ du bord costal assez distinctement et fait une petite courbe vers l'extérieur; elle est presque parallèle au bord extérieur et se réunit à l'extrabasilaire après avoir atteint le bord interne. Ceci n'a pas été reproduit sur le dessin. Une légère ombre ondulée se voit entre la coudée et le bord extérieur, qui est un peu crênelé.

Les ailes postérieures sont un peu plus foncées que les ailes antérieures; le point central est très peu accusé; frange gris-jaune.

Le dessous des ailes est gris-jaune, à nervures plus foncées et très marquées. La lunule discocellulaire des ailes antérieures n'est que très peu visible.

J'ai pris cette espèce près de Borjom.

119. ULOCHLAENA Ld.

Hirta Hb.—Les ♂ ♂ sont très fréquents; à Tiflis, Borjom, Helenendorf, Derbent, Kars; depuis le mois d'Août jusqu'en Octobre.

120. POLIA Tr.

Rufocincta H.—G. — Helenendorf; très rare.

Chi L. — Borjom, Lagodekhi; en Juin et Juillet.

121. DRYOBOTA Ld.

Protea Bkh. — Lagodekhi; en Août.

122. MISELIA Stph.

Oxyacanthae L. — Borjom et Lagodekhi; Septembre et Octobre.

123. APAMEA Tr.

Testacea Hb. — L'unique exemplaire ♂, que je possède de Helenendorf, présente une aberration de la forme typique.

124. LUPERINA B.

Matura Hufn — Borjom et Istidara; Juillet et Août.

Virens var. **Immaculata** Stgr. — Assez fréquente à Kasikoparan; le type n'a pas encore été trouvé.

Ferrago Ev. — Borjom, Bakouriani, Lischk, Istidara, Kasikoparan, Kourouche, aux environs du lac de Goktcha. Très-fréquente dans tous les endroits où croît la *Cephalaria procera*; probablement la chenille se nourrit de cette plante. En Juillet et Août.

Chenopodiphaga Rbr. — Tiflis, Noukha et Manglis; en Mai et Juin.

Mutica Chr. (Pl. III. fig. 2). — *Alis anticis latis sordide lutescente griscis, fusco-adumbratis, strigis transversalibus interna pluridentata, externa denticulata, stigmatibus, linea undulata submarginale, maculaque ad angulum analem brunneo-lutescentibus; posticis fusco-cinereis, fascia media obsoletissima* ♂ ♀.
Exp. al. ant. 17 mm.
Cette noctuelle, si rare jusqu'à présent, ne ressemble à aucune espèce de ce genre. Elle se rapproche le plus de la *L. Immunda*, qui néanmoins est bien plus grande.

Palpes jaunâtres, latéralement noir-brun; le dernier article recouvert d'écailles très-serrées. Pattes hérissées de poils, brun-gris; tarses en dessus brun-noir, jaunâtres aux extrémités. L'abdomen des deux sexes est petit. Tête et thorax de la couleur des ailes antérieures, à écailles peu lisses. L'abdomen et les poils anaux allongés du ♂ gris-jaune.

Ailes antérieures larges, peu pointues. Les ailes ainsi que le thorax sont d'un gris-terre sale ou d'un gris-brun mat. Le dessin au bord costal est composé de traits brun-gris et relevé par du jaune gris ou du jaune argileux. A la base des ailes on ne voit que chez l'un des ♂♂ les traces d'une raie transversale noire; aux autres exemplaires elle manque complètement. Les deux raies qui encadrent l'espace médian ont la direction ordinaire. L'extrabasilaire a deux dents très-prononcées. La partie supérieure de la courbe de la coudée est assez courte; la courbe est munie de deux petites dents. Les deux raies transversales, jaunâtres, ont des deux côtés une bordure plus foncée. La tache orbiculaire, assez petite chez le ♂, un peu plus grande chez la ♀, est jaunâtre, à petit point foncé au centre. La réniforme, aussi jaunâtre, est si peu distinctement cerclée, qu'elle ne se présente que comme tache effacée. Entre la coudée et le bord extérieur se trouve une ligne ondulée, peu distincte, à deux petites courbes vers l'extérieur; elle s'élargit vers le bord interne en tache vague d'un jaune sale. Liséré marginal noir-brun; bord extérieur ondulé. Franges concolores.

Les ailes postérieures sont brun-gris foncé, plus claires vers la base. On ne remarque que les traces d'une raie transversale. Franges gris-jaune sale. La ♀ a les ailes postérieures un peu plus foncées.

Le dessous des ailes est gris-jaune; ailes antérieures dans l'espace médian et vers le bord à écailles noir-brun serrées et à raie centrale foncée, mais peut distincte. Ailes postérieures

169. CLEOPHANA B.

Antirrhinii Hb. — Lagodekhi, Kasikoparan, Derbent; en Avril et Mai. — Lederer dit: „largement répandue sur le Caucase" *(Ann. Soc. Belg. T. XIII, pag. 34).*

Opposita Ld. — Très fréquente à Helenendorf.

170. CUCULLIA Schrk.

Verbasci L. — Tiflis, Borjom, Ordoubad; en Mai.

Scrophulariae Capieux. — Borjom, Lagodekhi, Helenendorf, Koussari; en Juin.

Thapsiphaga Tr. — Tiflis, Lagodekhi, Guéroussi; en Avril et Juillet.

Blattariae Esp. — M. Christoph en trouva quelques chenilles près d'Ordoubad, au mois de Mai, sur une espèce de *Verbascum*. L'insecte parfait éclot en Février; il est d'un gris bleuâtre très prononcé.

Umbratica L. — Borjom, Bakouriani; en Juin.

Lactucae Esp. — Borjom, Bakouriani; en Juin.

Lucifuga Hb. — Borjom et Lagodekhi; en Juin.

Improba Chr. (Pl. III. fig. 7). — *Thorace cano-fusco-adsperso, collari nigro-lineato; alis anticis albide-canis, obscurius adspersis inter nervos nigros, striola longitudinali ad basin, striolis geminatis, prope marginem inferiorem maculisque limbalibus nigris; posticis albidis, foras infuscatis ♂ ♀.*

Exp. al. ant. 17 mm.

5

Elle se rapproche de la *Boryphora* Fisch. Celle-ci a cependant un dessin plus grossier et plus tacheté; aussi l'ombre marginale des ailes postérieures est-elle moins large et plus foncée.

J'ai à ma disposition un ♂, pris le 19 Août en 1872 près de Krasnowodsk, une ♀ de Kisil-Arvat, envoyée par le lieut.-général Komaroff et 2 ♀ ♀ d'Ordoubad, prises à la lampe le 25 Avril.

Les palpes sont couverts de cils assez longs. Le second article a la forme d'un démicercle qui est muni de poils roides et gris-blanc. L'article terminal, tronqué, ressort distinctement de la touffe poilue du second article; il est blanc en dessus. Les antennes filiformes sont blanches en dessus et couleur rouille en dessous. L'article basal n'est que peu renflé. Trompe robuste; poitrine et fémurs des pattes antérieures et médianes couverts de longs poils gris-blanc. Aux extrémités des tibias des pattes postérieures se trouve chez le ♂ une longue touffe de poils rouge-rouille, qui manque entièrement à la ♀. Les tarses sont gris-blanc chez le ♂ et gris plus foncé chez la ♀. Les ergots des tibias postérieurs ne sont pas très longs. L'abdomen du ♂ est gris-blanc et à étroite bande longitudinale au milieu. Valves anales à poils assez allongés. Tête gris-clair et à 2 lignes transversales, tachetées et noires sur le front. Collier gris, à deux lignes noirâtres; épaulettes à double rayure un peu plus foncée que le thorax.

Les ailes antérieures sont d'un gris ardoisé clair; celles des ♀ ♀ un peu plus foncées que celles des ♂ ♂. Les nervures sont brunes, très minces et accentuées. Les intervalles sont plus ou moins foncés et, à partir de l'apex, parsemés de petites stries noires, qui continuent jusqu'à $^{1}/_{3}$ des ailes antérieures. Un léger rayon longitudinal, venant du milieu de la base, va jusqu'au premier tiers des ailes. Avant l'angle interne se trouvent deux petits traits geminés; ils sont horizontaux, noirs et se réunissent intérieurement en fourches. Le bord extérieur est longé d'une série de petites taches cunéiformes, noires; elles se trouvent dans les intervalles des nervures. Les franges concolores sont traversées par une ligne un peu plus foncée; des deux côtés de cette ligne on remarque des lignes parallèles, ondulées, souvent imterrompues et tout aussi foncées.

Ailes postérieures gris-blanc, chez le mâle un peu hyalines à bordure un peu plus foncée. Celles de la ♀ gris foncé et à nervures aussi un peu brunâtres. Franges blanches.

Le dessous des ailes gris blanc, plus ou moins enfumé vers le centre. La ligne, qui traverse les franges des ailes antérieures, est particulièrement distincte.

M. Christoph trouva près d'Ordoubad dans une steppe pierreuse, sur la rive de l'Araxe, sur une espèce d'*Anthemis* à fleurs jaunes, très ordinaire là-bas, quelques chenilles d'une *Cucullia*, qui cependant ne parvinrent pas à la métamorphose. Il suppose que c'étaient les chenilles de la *C. Improba*.

Tanaceti Schiff.—Tiflis, Borjom, Lagodekhi et Guéroussi; depuis le mois de Juin jusqu'en Août.

Santonici Hb.—Tiflis, Borjom et Ordoubad; en Juin.

Gnaphalii Hb. — Borjom; très rare.

Scopariae Dorfm. — Helenendorf.

Spectabilis Hb.—Adjikent; en Juin; très rare.

171. EURHIPIA B.

Adulatrix Hb. — Borjom, Lagodekhi, Helenendorf; Juin et Juillet.

172. CALPE B.

Capucina Esp.—Borjom, Manglis, Helenendorf, Lagodekhi, Kasoumkent; depuis le mois de Juin jusqu'en Août.

173. PLUSIA O.

Triplasia L.—Borjom, Bakouriani, Lagodekhi, Manglis; en Mai et Juin.

Tripartita Hufn.—Borjom, Manglis, Lagodekhi; de Mai jusqu'en Août.

C. aureum Knoch. — Leder parle de cette espèce sous le nom de *Concha* et dit, que Haberhauer l'a élevée des chenilles à Elisabethpol.

Cheiranthi Tausch.—Helenendorf, Kasikoparau; en Juillet.

Consona F.—Un exemplaire ♂ a été pris à Ordoubad, en Mai.

Modesta Hb.—Le Dr. Staudinger la possède de la Transcaucasie, probablement d'Akhaltsikhe.

Chrysitis L. — Partout en grande abondance; depuis le mois de Juin jusqu'en Août.

Chryson Esp.—Borjom; à Lagodekhi assez fréquente; en Juin.

Bractea F. — Kodjori, Borjom, Bakouriani, Akhaltsikhe; en Juillet et Août. Ces exemplaires forment le passage à la *Pl. Excelsa* Kretschm.

Festucae L.—Borjom; rare. En Juillet et Août.

Gutta Gn. — Tiflis, Manglis, Borjom, Helenendorf, Lagodekhi, Derbent; en Juillet et Août.

Jota ab. **Percontationis** Tr. — Borjom, Bakouriani, Lagodekhi; en Juin et Juillet.

Gamma L. — Partout.

Circumflexa L — Borjom, Lagodekhi, Daratchitchag, Ordoubad; en Juin et Juillet.

Ni Hb. — Tiflis, Borjom, Helenendorf, Derbent; en Juin et Juillet.

Hochenwarthi Hochenw. — Kourouche; vers la fin de Juillet.

174. ANOPHIA Gn.

Leucomelas L. — Tiflis, Manglis, Helenendorf, Lenkoran; en Juin et Juillet.

175. AEDIA Hb.

Funesta Esp. — Tiflis, Borjom, Lagodekhi, Helenendorf, Koussari; en Juin et Juillet.

176. HELIOTHIS Tr.

Imperialis Stgr. (Pl. IV. fig. 4 a, b, c). — Bakouriani, Istidara, Kourouche, Manglis.

L'extérieur et les moeurs de la chenille ressemblent presque entièrement à ceux de la *Purpurascens*. Elle est un peu plus grande et atteint une longueur de 22 mm. Quand la chenille n'est pas encore parvenue à son entier développement elle trahit déjà sa présence par des taches foncées sur

la surface des capsules des sémences de la *Cephalaria procera*.
A mesure qu'elle grandit elle pousse dehors les sémences. *H.
Purpurascens* mène juste le même genre de vie sur les sémences non mures de la *Cephalaria tatarica*. La capacité de
la chenille de se frayer un passage à travers les fentes les
plus petites pour se débarasser de sa captivité est très remarquable. Cette chenille est assez répandue dans la Transcaucasie; on la trouve presque dans tous les endroits où croît la
Cephalaria procera, une des plantes les plus caractéristiques
de la région subalpine, c. à. d. de la zone de 4 — 7000 p.
d'élévation. Au commencement de Septembre elle atteint son
entier développement. Son élevage ne présente pas de difficultés; elle est seulement fort exposée aux attaques des Ichneumons. Elle s'enfonce pour sa transformation assez profondement dans le sol et s'y construit une coque légère, où
se forme sous peu la chrysalide d'un rouge-brun clair. Le papillon vole selon A. Becker en Juin; en captivité il éclot souvent en Janvier et les exemplaires obtenus *ex larva* sont un
peu plus foncés.

Ononis F.—Lischk, Bakouriani, aux environs du lac de
Tabitskhouri; en Juin.

Dipsaceus L.—Borjom, Atskhour, Lagodekhi, Ordoubad,
Derbent; depuis le mois de Juin jusqu'en Août.

Scutosus Schiff.—Très fréquente et répandue; Tiflis, Borjom, Helenendorf, Derbent, Guéroussi etc.; en Juin et Juillet.

Peltiger Schiff.—Tiflis, Borjom, Lagodekhi, Bakouriani,
Ordoubad; en Juin; jusqu'en Août.

Nubiger HS. — Djoulfi, Kasikoparan, Lenkoran, Ordoubad; depuis le mois de Mai jusqu'en Juillet; mais toujours
rare.

Armiger Hb.—Borjom, Lagodekhi, Helenendorf, Bakouriani, Derbent, presqu'île d'Apcheron; en Juillet et Août; très abondante.

Incarnatus Frr. — Tiflis, en Avril; Helenendorf.

177. AEDOPHRON Ld.

Rhodites Ev.—M. le Dr. Staudinger la possède de Derbent.

Phlebophora Ld. — Un seul exemplaire a été pris par M. Christoph à Ordoubad; en Mai.

178. CHARICLEA Stph.

Delphinii L. —·Tiflis et Helenendorf; en Mai et Juin. Très rare.

Victorina Sodof.—Très rare; à Ordoubad en Mai; Derbent. La chenille a été trouvée à Hankynda sur une espèce de *Lavandula*.

179. EUTERPIA Gu.

Laudeti B. — L'unique exemplaire nous a été envoyé l'année passée par M. Leder de Helenendorf.

180. ACONTIA O.

Urania Friv.—Lagodekhi, Helenendorf, Ordoubad; depuis le mois de Juin jusqu'en Août.

Lucida Hufn. — Largement répandue et très fréquente; Tiflis, Borjom, Helenendorf, Manglis, Derbent, Lenkoran. Presque tout l'été.

ab. **Albicollis** F. — Aussi répandue que le type.

Luctuosa Esp. — Partout.

181. THALPOCHARES Ld.

Arcuinna var. **Blandula** Rbr. — A Kasikoparan assez fréquente sur les pentes dépourvues de végétation; aussi à Helenendorf et dans le district de Zangesour (Poste de Charofan). En Juillet et Août.

Dardouini B. — Ordoubad, Helenendorf; en Mai.

Lacernaria Hb. — Ordoubad; en Mai.

Hansa HS. — Helenendorf, Kasikoparan, Derbent; en Juillet. On la trouve toujours sur une espèce d'*Echinops*, dont la chenille se nourrit probablement.

Respersa Hb. — Manglis, Helenendorf.

Jocularis Chr. (Pl. III. fig. 8). — Ordoubad; en Mai et Juin.

Chlorotica Ld. — Ordoubad; en Mai. Très rare.

Polygramma Dup. — Helenendorf, Ordoubad, Kasikoparan; en Juin. Assez commune.

Communimacula Hb. — Helenendorf, gouvernement de Koutaïs. M. Snellen à Rotterdam prétend que la nervure de ce papillon ne permet pas de la considérer comme appartenant aux Noctuides *(Thalpochares)*, mais que cette jolie espèce doit être rangée parmi les Cochliopodes.

Pannonica var. **Lenis** Ev. — Helenendorf, Kasikoparan; en Juillet. Très rare.

Purpurina Hb. — Borjom, Helenendorf, Lagodekhi, Ordoubad, Begmalo, Karasakhkal; en Juin.

Ostrina var. **Carthami** HS.—Helenendorf, dans le district de Zangesour; en Mai.

var. **Porphyrina** Frr. — Helenendorf, Noukha; en Mai.

Debilis Chr. (Pl. III. fig. 9).—Helenendorf, Eldar, Derbent, Karasakhkal; en Juin et Juillet.

La description de cette espèce se trouve dans le 1-r volume de ces „Mémoires“, p. 129.

Parva Hb.—Ordoubad, Lenkoran; en Juin et Juillet.

Wagneri HS. — Daratchitchag, Istissou, Kasikoparan; en Juin et Juillet.

Paula Hb.—Lagodekhi, Istissou, Ordoubad, Kasikoparan; en Juin et Juillet.

Griseola Ersch. — Ordoubad, Kasikoparan; depuis le mois de Mai jusqu'en Juillet.

Uniformis Stgr.—Ordoubad; en Mai. Assez rare.

182. ERASTRIA O.

Argentula Hb. — Borjom, Lagodekhi, Kodjori, Helenendorf, Lenkoran; en Mai, jusqu'en Juillet.

Obliterata Rbr.—Lagodekhi, Helenendorf, Bartas, Karasakhkal; le papillon vole en Juin et Juillet; à la même époque M. Christoph en a trouvé les chenilles sur l'*Artemisia scoparia*.

Venustula Hb. - Borjom, Lagodekhi; depuis le mois de Mai jusqu'en Août.

Fasciana L.— Lagodekhi, en Avril; Soukhoum; aux environs de Lenkoran; jusqu'en Août.

Diaphora Stgr. (Pl. III. fig. 11)—Ordoubad; en Mai et Juin; assez rare.

Delicatula Chr. (Pl. III. fig. 10).—Ordoubad, Charofan; en Mai et Juin.

183. PHOTEDES Ld.

Captiuncula Tr.—Bakouriani; Juillet et Août.

184. PROTHYMIA Hb.

Viridaria Cl.—Borjom, Lagodekhi, Noukha, sur le mont Ararat; en Juin et Juillet.

Leda HS. — Eversmann la cite de la côte méridionale et de la côte orientale de la Mer Noire (Bull. de Moscou. 1857. 4, 418).

Conicephala Stgr.—Ordoubad; en Avril et Mai; très rare.

185. AGROPHILA B.

Trabealis Sc.—Partout en grande abondance.

186. METOPONIA Dup.

Koekeritziana Hb.—Helenendorf, Adjikent, Edschmiadsin, Mougan, Derbent; en Juillet et Août. La chenille vit sur une espèce de *Delphinium*.

187. MEGALODES Gn.

Eximia Frr — Derbent; en Juillet. La chenille se nourrit d'une espèce de mauves.

188. EUCLIDIA O.

Mi Cl. — Le seul exemplaire de ma collection a été pris à Lischk; en Juin.

Glyphica L.—Très répandue et fréquente; à Borjom déjà en Avril; Lagodekhi, Soukhoum, Kodjori, au Talyche, etc. -- Presque tout l'été.

Munita Hb.—Begmalo, Karasakhkal; en Juillet; Warwara; en Avril.

var. **Immunita** Mill.—en Juillet.

189. PERICYMA HS.

Albidentaria Frr.—Tiflis, Hankynda, Derbent, Ordoubad; en Juin et Juillet. La chenille se nourrit de *Alhagi Camelorum*.

190. ZETHES Rbr.

Propinquus Chr. (Pl. III. fig. 12).—*Alis cinereo-violaceis, anticarum area media fusca, striga antica subperpendiculari, postica bidentata nigra, albide-cincta, macula fusca subrotundata ad marginem anteriorem, limbo subcrenulata; posticarum fascia media subrecta limboque fuscis, ciliis albicantibus; subtus cinerascentibus, puncto medio anticarum strigisque nonnullis posticarum obsoletis brunnescentibus* 1 ♀.

Exp. al. ant 15 mm.

A première vue on est porté à prendre ce papillon pour un petit exemplaire de la *Z. Insularis* Rbr.; mais en l'examinant de plus près on lui trouve tant de différence, qu'on doit bien le reconnaître pour une espèce bien distincte.

L'unique exemplaire ($\female$) n'est pas d'une conservation irréprochable.

Le second article des palpes est médiocrement long, légèrement redressé, d'un brun-gris clair uni, recouvert d'écailles assez adhérentes. Article terminal court et tronqué. *Z. Insularis* a des palpes plus longs et d'une autre structure. Les poils des pattes sont à ce qu'il paraît usés et de couleur grise. L'abdomen est gris-jaune. Les antennes sont filiformes, jaune-rouille et en dessus régulièrement tachetées de noir jusqu'au dernier tiers. Tête et thorax à teinte gris-violet.

Le fond des ailes est de la même couleur. Les ailes antérieures se distinguent avant tout par leur forme, qui diffère essentiellement de celle d'*Insularis*. Chez cette dernière le bord extérieur décrit un angle bien distinct, tandis que chez *Propinqua* celui-ci n'existe point et le bord n'est que légèrement crènelé. L'espace basilaire est limité par une ligne transversale peu distincte, légèrement courbée, brune et bordée de blanc. (Chez *Insularis* elle décrit une courbe très prononcée). La coudée est à peu près comme chez *Insularis*, mais chez *Propinqua* l'intervalle entre les deux saillies dentiformes est plus grande. Chez *Insularis* la tache du bord costal avant l'apex est irrégulièrement carrée, tandis que chez *Propinqua* elle est plus arrondie et adhérente à la partie supérieure de la bande médiane. Vers l'intérieur le brun-noir de l'espace médian passe graduellement au gris.

Les ailes postérieures ont au milieu une large bande brun-foncé, un peu ondulée, d'abord oblitérée, plus distincte ensuite depuis la moitié de l'aile, bordée de blanc à l'extérieur et atteignant l'angle anal. Le bord postérieur a un angle comme chez *Insularis*, mais pas aussi saillant. Le bord terminal brun-noir n'est pas large. Les franges de toutes les ailes sont gris-blanc, traversées d'une ligne jaune-brun.

Le dessous des ailes est blanc-gris à tache centrale noirâtre, oblitérée et sur les ailes postérieures à bande transversale jaune-gris, de même effacée. Chez *Insularis* le dessous des ailes est brun et à dessin des bandes très distinct.

L'unique exemplaire nous a été envoyé par M. Mlokossévitsch de Lagodekhi.

191. ACANTHOLIPES Ld.

Regularis Hb.—Helenendorf, Eldar, Warwara, Derbent, presqu'île d'Apcheron; en Juin et Juillet. La chenille se nourrit de la *Glycirrhiza glandulifera*.

192. LEUCANITIS Gn.

Rada B.—M. Christoph l'a prise une seule fois à Ordoubad, en Mai; aussi à Helenendorf.

Sesquistria Ev.—L'unique exemplaire a été pris à Ordoubad; en Mai.

Caucasica Kol.—Helenendorf, Lagodekhi et Legwas (district de Zangesour), Poïly et Warwara (Chemin de fer d'Elisabethpol à Bakou); Mars et Avril.

Cailino Lef.—Helenendorf, Ordoubad; en Mai. Très rare.

Picta Chr.—Helenendorf, Ordoubad; en Mai. Assez fréquente.

Flexuosa Mén.—Ordoubad, Djoulfi, Igdir, Bakou. Depuis le mois de Mai jusqu'en Juillet.

Saissani Stgr. (Pl. III. fig 13).—Helenendorf, Ordoubad, où elle est assez fréquente. En Mai et Juin.

Stolida F. — La plus répandue et la plus fréquente de ce genre. Tiflis, Kodjori, Borjom, Lagodekhi, Helenendorf, Kasoumkent, Derbent, steppe de Mougan; de Mai jusqu'en Juillet.

193. PALPANGULA Stgr.

Dentistrigata Stgr. - L'unique exemplaire à été pris par M. Mlokossévitsch à Aralykh, au commencement de Juin.

194. GRAMMODES Gn.

Bifasciata Petag. — Lagodekhi, Vardanly; en Août; assez rare.

Algira L. — Lagodekhi, Helenendorf, Noukha, Derbent, Ordoubad, Lenkoran, Kodjori; en Mai et Juin.

Mirabilis Rom. (Pl. IV. fig. 5).—*Alis fuscis; anticis fasciis duabus, anteriore recta, attenuata in medio, postica unangulata, linea undulata, limbo venis foras ciliisque albidis; posticis fascia media, linea undata ad angulum analem limboque albidis.* 1 ♀.
Exp. al. ant. 20 mm.

C'est une espèce tout-à-fait particulière; par la forme elle ressemble à ses deux cóngénères, tandis que par la disposition du dessin elle se rapproche un peu d'*Algira* L.

La tête, les palpes, les antennes et le dessous du corps sont d'un blanc-gris rougeâtre. Le corselet est d'une teinte plus foncée; abdomen d'un brun un peu plus clair; toutes les ailes d'un brun-foncé tirant un peu sur l'olive. L'extrabasilaire, qui commence un peu avant la moitié du bord costal est presque droite, un peu moins large, que chez *Algira* et retrécie vers le milieu; elle est d'un blanc sâle rougeâtre, tandis que la partie supérieure en est également brune, mais d'une teinte plus claire, que celle du fond. La coudée, beaucoup plus réduite, ressort du second tiers du bord antérieur et se dirige vers le milieu du bord extérieur; après avoir formé un rectangle obtus, elle se prolonge vers le bord interne et l'atteint tout près de l'extrabasilaire. L'espace médian est d'une forme triangulaire. Ces raies transversales, fortement accentuées des deux côtés, se distinguent beaucoup de la couleur du fond. A l'apex commence une ligne irrégulière et ondulée, formant une courbe vers l'intérieur avant d'atteindre l'angle de la coudée; ensuite elle continue entre l'angle et le bord extérieur, longeant d'ici la coudée et l'effleurant de ses dentelures avant d'atteindre le bord interne. Toutes ces raies, ces lignes ondulées, la mince ligne, qui longe le bord extérieur, de même que les nervures entre la coudée et le bord extérieur sont d'un blanc-gris rougeâtre.

L'extrabasilaire se prolonge sur les ailes postérieures; elle présente ici une raie un peu moins accentuée, qui n'est point courbée et se dirige obliquement vers le bord interne, pour l'atteindre un peu au-dessus de l'angle anal. Derrière celui-ci le bord extérieur envoie une ramure dentelée, qui se perd avant d'avoir atteint la moitié de l'aile. Une ligne étroite blanche longe le bord terminal de toutes les ailes; la frange est aussi blanche. Le bord même est marqué d'une ligne noire légèrement ondulée.

Le dessous des ailes est d'un brun-clair entremêlé de blanc grisâtre, devenant de plus en plus clair vers le bord extérieur. On remarque plusieurs lignes transversales peu accentuées et un peu plus foncées, qui néanmoins ne correspondent pas aux raies du dessus des ailes.

L'unique exemplaire nous a été envoyé par M. Tschermak de Bakou. Le temps du vol n'était pas indiqué.

195. PSEUDOPHIA Gn.

Syriaca Bugnion. — Cette espèce, dont la chenille vit sur le *Tamarix*, a été prise une seule fois à Derbent par le lieutenant-général Komaroff. En Juin.

Lunaris Schiff. — Noukha; en Mai; Koussari; M. Leder nous a envoyé l'année passée bon nombre d'exemplaires de Helenendorf.

Fixseni Chr. (Pl. IV. fig. 6).—Cette jolie espèce a été prise par M. Christoph aux envrions d'Ordoubad; en Mai. Elle a été décrite dans les *Horae Soc. Ent. Ross. T. XVII, pag. 113.*

196. CATEPHIA O.

Alchymista Schiff.—Borjom, Derbent, Helenendorf, Koussari et Begmalo; en Mai; assez rare.

197. CATOCALA Schrk.

Fraxini L.—Tous nos exemplaires proviennnent de Borjom; ce beau papillon y est assez fréquent en automne, jusqu'au mois d'Octobre.

Elocata Esp. — Tiflis, Helenendorf, Borjom, Elisabethpol, Lenkoran; en Août et Septembre.

Dilecta Hb. — Deux exemplaires de cette espèce nous ont été envoyés l'année passée par M. Leder de Helenendorf.

Promissa Esp. — Borjom, Helenendorf, Bjely-Klioutsch, Istidara, Délijan, Lenkoran; en Juillet et Août.

Lupina HS. — Bon nombre d'exemplaires nous a été envoyé l'année passée par M. Leder de Helenendorf.

Electa Bkh. — Borjom; en Août et Septembre; très rare.

Puerpera Giorna. — Borjom, Lagodekhi, Igdir; depuis le mois de Juin jusqu'en Septembre.

Neonympha Esp. — Les premiers exemplaires de cette espèce m'avaient été envoyés par M. le lieutenant-général Komaroff de Derbent; l'année passée M. Leder en a pris bon nombre d'exemplaires à Helenendorf; en Juin. M. Christoph trouva la chenille dans la presqu'île d'Apcheron sur la *Glycirrhiza glandulifera*.

Hymenaea Schiff. — Le Dr. Fixsen l'a prise à Borjom; Mouganly; elle paraît être assez fréquente à Lagodekhi et Helenendorf; en Juin et Juillet.

Conversa Esp. — Assez fréquente à Helenendorf.

Disjuncta var. **Separata** Frr. — M. le Dr. Staudinger la cite d'Akhaltsikhe.

Nymphagoga Esp. — Lenkoran; en Juillet. D'après les observations de M. Christoph la chenille vit sur *Quercus macranthera*.

198. SPINTHEROPS B.

Spectrum Esp. — Très répandue et fréquente; Tiflis, Borjom, Erivan, Helenendorf, Nakhitchévan, Kasikoparan etc ; en Mai et Juin.

var. **Phantasma** Ev. — Borjom, Lagodekhi, Helenendorf.

Cataphanes var. **Ligaminosa** Ev. — Akhaltsikhe, Helenendorf; rare.

Dilucida Hb.—Helenendorf, Alexandropol, Ordoubad; en Juin et Juillet.

var. **Limbata** Stgr.—Tiflis, Borjom, Helenendorf, Basch-Nouraschin, Ordoubad; depuis le mois de Mai jusqu'en Août.

199. EXOPHILA Gn.

Rectangularis H.-G. — Un seul exemplaire de Helenendorf.

•200. TOXOCAMPA Gn.

Craccae F. — Borjom, Manglis, Lagodekhi, Helenendorf, Délijan, Kasikoparan; en Juillet et Août.

201. AVENTIA Dup.

Flexula Schiff. — Borjom, Warwara, Lagodekhi; en Avril et Juin.

202. BOLETOBIA B.

Fuliginaria L. — Borjom, Lagodekhi, depuis le mois de Mai jusqu'en Juillet.

203. HELIA Gn.

Calvaria F.—Tiflis, Borjom; en Juillet.

204. ZANCLOGNATHA Ld.

Tarsiplumalis Hb. — Borjom, Lagodekhi, Helenendorf, Délijan, Adjikent, Derbent, Kasoumkent; en Juin et Juillet.

Tarsipennalis Tr.—Borjom, Lagodekhi, Lenkoran.

Tarsicrinalis Knoch.—Borjom; en Juillet.

Emortualis Schiff.—Lagodekhi; en Mai.

205. MADOPA Stph.

Salicalis Schiff. — Borjom, Lagodekhi, Kasoumkent; en Juillet et Août.

Inquinata Ld. — (Pl. IV. fig. 7).—Ordoubad; en Juin.

Platyzona Ld. — Helenendorf; assez fréquente à Ordoubad; on la trouve toujours reposant sur des rochers; vers la fin de Mai et en Juin.

206. HERMINIA Latr. Tr.

Gryphalis HS.—Lagodekhi, Kasoumkent; en Juillet.

Crinalis Tr. — Ordoubad; en Juin. Très rare.

Tentacularia L.—Borjom, Kedabeg, Istidara, Koussari; en Juillet.

Derivalis Hb. — Borjom, Lagodekhi, Helenendorf, Lenkoran; très fréquente. En Juin et Juillet.

207. BOMOLOCHA Hb.

Fontis Thnb. — Borjom, Lagodekhi; en Mai.

Opulenta Chr. (Pl. IV. fig. 8). — Borjom, Lagodekhi, Soukhoum; depuis le mois de Mai jusqu'en Juillet.

6*

208. HYPENA Tr.

Antiqualis Hb.—Lagodekhi, Ordoubad, Noukha; Mai, jusqu'en Juillet.

Ravalis HS. — Helenendorf, Kasikoparan; en Juillet. Très rare.

Ravulalis Stgr. — Helenendorf, Begmalo, Derbent, Warwara; Mai et Juin.

Revolutalis Z. — Helenendorf, Derbent; Juillet et Août.

Rostralis L.—En profusion partout, où il y a du houblon.

Proboscidalis L. — Borjom, Lagodekhi, Istissou, Bakouriani, Kasikoparan; presque tout l'été.

Munitalis Mn.—Borjom, Atskhour, Akhaltsikhe; en Juin et Juillet.

Palpalis Hb.—Akhty (au Daghestan); M. de Hedemann la cite de Tiflis.

Obesalis Tr. — Borjom, Bakouriani, Koussari; en Juillet et Août.

Caucasica Stgr. — Tiflis, Borjom, Ordoubad; en Mai et Juin.

209. HYPENODES Gn.

Costaestrigalis Stph. — Borjom, Lagodekhi, Délijan; de Juin jusqu'en Août.

210. RIVULA Gn.

Sericealis Gn. — Très répandue; Tiflis, Borjom, Lagodekhi, Derbent, Guéroussi etc.; presque tout l'été.

Brephides HS.

211. BREPHOS O.

Nothum Hb. — Lagodekhi; en Février et Mars.

D. Geometrae.

212. PSEUDOTERPNA HS.

Pruinata Hufn. — Borjom; en Juillet.

213. GEOMETRA B.

Papilionaria L. — Borjom, Lagodekhi; en Juin.

Vernaria Hb. — Borjom, Lagodekhi, Sakataly, Helenendorf, Derbent; en Juillet.

214. PHORODESMA B.

Pustulata Hufn.—M. de Hedemann l'a trouvée à Manglis.

Neriaria HS.—Borjom, Lischk; Juin et Juillet.

Smaragdaria F.— Borjom, Lagodekhi.

var. **Prasinaria** Ev. (Pl. V. fig. 1).—Borjom, Lagodekhi, Helenendorf, Bakouriani, Tchemakhly, Ordoubad, Kourouche, Derbent. Le type et la variété volent depuis le mois de Mai jusqu'en Juillet. La chenille se nourrit d'une espèce d'*Artemisia*.

215. EUCROSTIS Hb.

Herbaria Hb.— Ordoubad, Lenkoran; en Mai.

var. **Advolata** Ev. — Lagodekhi, Tchemakhly, Derbent, Helenendorf; en Juillet et Août.

216. NEMORIA Hb.

Viridata L.—Borjom, Helenendorf, Soukhoum, Begmalo; en Avril et Mai.

Porrinata Z.— Borjom; en Mai et Juin.

Pulmentaria Gn. — Borjom, Helenendorf, Lagodekhi, Begmalo, Derbent, Ordoubad; en Mai et Juin

Strigata Muell. — Borjom, Lagodekhi, Helenendorf, Kasoumkent, Lenkoran; en Mai et Juin.

217. THALERA Hb.

Fimbrialis Sc.—Helenendorf, Lagodekhi, Mouganly, Kasoumkent, Hankynda.

218. JODIS Hb.

Putata L.—Lagodekhi, Soukhoum, Kasoumkent; en Avril et Mai.

Lactearia L.—M. de Hedemann la cite de Manglis, où il l'a prise en Mai.

219. ACIDALIA Tr.

Humifusaria Ev.—Eldar; en Mai.

Filacearia HS. — Tiflis, Manglis, Helenendorf, Eldar. Lischk, Guétchinan; bords du lac de Tabitskhouri; en Mai et Juin.

Trilineata Sc. — Borjom, Manglis, Mzkhet, Lischk, Mazra, Guétchinan; en Juin.

Flaveolaria Hb. — Daratchitchag et aux environs de Lenkoran.

Perochraria F. — Manglis, Bakouriani, Kourouche; en Août.

Ochrata Sc.—Tiflis, Borjom, Lagodekhi, Hankynda, Kodjori, Helenendorf, Kasikoparan, Délijan, Kasoumkent, Derbent; depuis le mois de Juin jusqu'en Août.

Macilentaria HS.—Le Dr. Fixsen l'a trouvée à Abbastouman en Juillet.

Rufaria Hb.—Tiflis, Borjom, Manglis, Helenendorf, Kasikoparan, Ordoubad, Bakouriani, Guétchinan, Tatief, Derbent; en Juin et Juillet.

Ossiculata Ld. — Ordoubad, Ounous, Lischk, Betchinag; en Juin.

Sericeata Hb. — Borjom, Guéroussi, Tschemakhly, Derbent, Kasoumkent; depuis Mai jusqu'en Juillet.

Moniliata F. — Tiflis, Manglis, Borjom, Hankynda, Délijan, Istidara, Derbent; en Juin et Juillet.

Muricata Hufn. — Lagodekhi; Juin, jusqu'en Septembre.

Dimidiata Hufn.—Borjom, Helenendorf, Lagodekhi, Mouganly; en Juin et Juillet.

Camparia HS. —Tiflis, Helenendorf, Lagodekhi, Ordoubad, Derbent; Mai, Juin et Juillet.

Sodaliaria HS.—Tiflis, Borjom, Lagodekhi, Helenendorf, Ordoubad, Lischk, Derbent; depuis le mois de Mai jusqu'en Juillet.

Straminata Tr.—Lenkoran; en Juin.

Pallidata Bkh.—Borjom, Manglis; en Juin.

Subsericeata Hw.— Helenendorf, Lagodekhi, Soukhoum, Ordoubad, Lischk, Lenkoran; en Juin.

Laevigaria Hb.—Tiflis, Manglis, Hankynda; en Juin.

Obsoletaria Rbr. — Tiflis, Borjom, Ordoubad, Derbent; Juin et Juillet.

Herbariata F. —Tiflis, Ordoubad, Kasikoparan; Juin et Juillet.

Elongaria Rbr.—Helenendorf, Délijan, Ordoubad; en Juin.

Bisetata Hufn.—Borjom, Helenendorf, Lagodekhi, Lischk, Istidara; en Juin et Juillet.

Trigeminata Hw.—Borjom, Helenendorf, Noukha, Warwara; en Mai.

Roseofasciata Chr. (Pl. V. fig. 2).—Ordoubad; en Mai. Elle a été décrite par M. Christoph dans les *Horae Soc. Ent. Ross. T. XVII, p. 114.*

Politata Hb.—Lagodekhi, Hankynda, Kasoumkent, Derbent; en Juin.

Rusticata F.—Tiflis, Borjom, Hankynda, Ordoubad, Lenkoran, Derbent; depuis le mois de Mai jusqu'en Juillet.

Humiliata Hufn. — Manglis, Kedabeg, Istissou, Guétchinan; en Juin et Juillet.

Dilutaria Hb.—Borjom, Manglis; en Juillet.

Holosericata Dup.—Borjom.

Erschoffi Chr.—Mouganly, Warwara, Wartatchan, vallée de Boum près de Noukha.

Degeneraria Hb. — Tiflis, Borjom, Lagodekhi, Helenendorf, Koussari; en Juillet et Août.

Inornata Hw. — Tiflis, Borjom, Helenendorf, Poti, Soukhoum, Istidara; en Juillet et Août.

var. **Deversaria** HS.—Borjom; en Juillet.

Hyalinata Chr. (Pl. V. fig. 3).—*Pedibus stramineis, palpis ochraceis, corpore alisque luridis, puncto medio omnium nigro, strigis obsoletis fuscescentibus undatis, antica leviter curvata, postica distinctiori geminata, umbra media obsoletissima, punctis marginalibus nigricantibus* ♂ ♀.

Exp. al. ant. 14—15 mm.

Cette phalène de peu d'apparence est un peu plus grande et plus claire que la *Nitidata* HS.—La ligne transversale postérieure est moins ondulée et prend une direction assez régulière; une autre ligne, parallèle à la première, est un peu plus rapprochée de celle-ci.

Les pattes sont d'un jaune-paille assez foncé; les tibias postérieurs des ♂ ♂ sont munis d'un faisceau de poils bruns assez longs, qui pour la plupart est adhérant au côté. La tête et les antennes filiformes sont blanchâtres; les articles des antennes du ♂ sont peu saillants. L'abdomen et les ailes sont d'un blanc jaunâtre; ces dernières sont presque transparentes, plus claires que chez *Nitidata* et légèrement sablées d'écailles plus foncées. On observe dans cette espèce, de même

que chez *Nitidata*, une raie transversale antérieure, un peu
courbée, de couleur brunâtre. Sur les deux ailes on distingue
très clairement un petit point central noirâtre. Une raie très
effacée, partant aussi du bord costal, traverse ce point central
pour aboutir au bord interne; elle se prolonge sur les ailes
postérieures et s'appuie à leur point central. La ligne transversale postérieure est légèrement dentelée et fait une courbe
peu sensible. Parallèlement à celle-ci on remarque une seconde
ligne extérieure; ces deux lignes sont assez rapprochées et forment une raie, dont la couleur ne se distingue pas de celle
du fond. Toutes les lignes sont plus fortement accusées et
plus foncées que les lignes jaune-paille de *Nitidata*. Le bord
terminal est noirâtre, interrompu par les nervures. Les franges concolores sont un peu luisantes.

Toutes les lignes des ailes antérieures se prolongent sur
les ailes postérieures.

Le jaune-blanchâtre du dessous des ailes est un peu plus
pâle; les points centraux, la ligne transversale postérieure et
les points marginaux sont assez prononcés.

Plusieurs exemplaires de cette phalénite ont été pris au
mois de Mai près d'Ordoubad; M. Christoph la trouva aussi
au mois d'Août près de Borjom. Tous les exemplaires furent
pris à la lampe.

Aversata L.—Borjom, Daratchitchag, Istidara, Derbent,
Lenkoran; en Juillet et Août.

var. **Spoliata** Stgr. — Borjom, Lagodekhi, Helenendorf,
Lischk; en Juillet et Août.

Immorata L. — Borjom, Helenendorf, Bakouriani, Khotchaldagh, en Souanétie; depuis le mois de Juin jusqu'en Août.

Rubiginata Hufn.—Borjom, Atskhour, Manglis, Helenendorf, Lagodekhi; en Août et Septembre.

Turbidaria HS. — Tiflis, Warwara, Helenendorf, Ordoubad; de Mai jusqu'en Juillet.

var. **Turbulentaria** Stgr.—M. le Dr. Staudinger la possède de Derbent.

Immistaria HS.—Tiflis, Borjom, Atskhour, Helenendorf, Kasikoparan; depuis le mois de Juin jusqu'en Septembre.

Beckeraria Ld. — Ordoubad, Kourouche, Derbent; Juin et Juillet.

Marginepunctata Göze. — Tiflis, Borjom, Mouganly, Noukha, Helenendorf, Derbent, Ordoubad, au Mont Ararat; tout l'été.

Luridata Z.—Borjom, Helenendorf, Lischk; en Juin

Cœnosaria Ld.—Ordoubad; en Mai.

Submutata Tr.—Tiflis, Ordoubad, Hankynda, Soukhoum, Kasoumkent Bakou; en Juin et Juillet.

Incanata L. — Borjom, Atskhour, Istidara, Kasikoparan, Noukha, sur le Mont Ararat; depuis le mois de Mai jusqu'en Août.

Punctata Tr.—M. de Hedemann la cite de Manglis.

Immutata L.—Hankynda; en Juillet.

Strigilaria Hb.—Borjom, Manglis, Lagodekhi; en Juillet et Août.

Flaccidaria Z.—Soukhoum, Borjom, Helenendorf, Lagodekhi, en Talyche; Mai jusqu'en Juillet.

Imitaria Hb. — Borjom, Helenendorf, Lagodekhi, Igdir, Lenkoran; Mai, Juillet.

Ornata Sc. — Très fréquente et répandue. Presque tout l'été.

Decorata Bkh.— Tiflis, Borjom, Lagodekhi, Helenendorf, Ordoubad, Kasikoparan, Kourouche, au Mont Ararat; Juin, Juillet, Août.

Subtilata Chr. — M. le Dr. Staudinger la cite d'Akhaltsikhe.

220. ZONOSOMA Ld.

Annulata Schulze. — Borjom, Lagodekhi, Helenendorf, Soukhoum; depuis le mois de Mai jusqu'en Septembre.

Pupillaria ab. **Gyrata** Hb. — M. le Dr. Staudinger la possède d'Akhaltsikhe.

Porata F.—Borjom, Lagodekhi, Noukha, Soukhoum, Kasoumkent, Lenkoran; Mai, Juillet et Août.

Punctaria L.—Lagodekhi, Helenendorf, Manglis, Lischk, Soukhoum, Lenkoran, Wardauly; Mai jusqu'en Août.

Linearia Hb.—Lagodekhi, Soukhoum; Mai et Juin.

var. **Strabonaria** Z. -Lagodekhi; Juin, Juillet, Août.

221. TIMANDRA Dup. B.

Amata L.—Tiflis, Borjom, Lagodekhi, Helenendorf, Manglis, steppe de Moughan, Derbent etc.; depuis le mois d'Avril jusqu'en Juillet.

222. OCHODONTIA Ld.

Adustaria F. d. W.—Helenendorf, Ordoubad, Charofan; en Mai et Juin.

223. PELLONIA Dup.

Vibicaria Cl. — Borjom, Manglis, Délijan, Ordoubad, Lischk, Guétchinan, Koussari; en Juin et Juillet.

var. **Strigata** Stgr.—Borjom, Manglis, Délijan, Lagodekhi, Grand-Ararat, en Talyche; en Juin et Juillet.

Calabraria Z. — Tiflis, Borjom, Helenendorf, Eldar, Ounous, Lischk, Migri, Guéroussi; en Juin et Juillet.

var. **Tabidaria** Z.—Aux mêmes endroits.

Auctata Stgr. (Pl. V. fig. 4). — Kasikoparan, Istisscu, Ararat; en Juillet.

Sieversi Chr. (Pl. V. fig. 5). — Cette nouvelle *Pellonia* a été découverte par M. Christoph à Ordoubad, d'où il nous a apporté l'année passée plusieurs exemplaires ♂ ♂ et ♀ ♀. Elle est décrite dans les *Horae Soc. Ent. Ross. T. XVII, pag. 115*, sous le nom d'*Aspilates Sieversi*.

224. ABRAXAS Leach.

Grossulariata L. Manglis, Borjom, Helenendorf, Adjikent, Guétchinan; depuis Juin jusqu'en Août.

Sylvata Sc. — Lagodekhi; en Juin. Rare.

Adustata Schiff. — Tiflis, Borjom, Lagodekhi, Helenendorf, Daratchitchag, Koussari. Juillet et Août.

Marginata L. — Borjom, Manglis, Lagodekhi, en Souanétie; en Juin et Juillet.

225. ORTHOSTIXIS Hb.

Cribraria Hb. — Borjom, Lagodekhi, Helenendorf, Manglis; tout l'été, jusqu'en Octobre.

226. BAPTA Stph.

Temerata Hb.—Lagodekhi; en Juin.

227. STEGANIA Dup.

Dilectaria Hb.—Lagodekhi; en Août.

Dalmataria Gn.—Tiflis, Helenendorf, Karasakhkal; Mai, Juillet.

228. CABERA Tr.

Pusaria L. — Borjom, Manglis, Lagodekhi, Helenendorf, Soukhoum, Kedabeg, Lischk, Istissou, Bakouriani; depuis le mois de Mai jusqu'en Août.

229. ELLOPIA Tr. Stph.

Prosapiaria L.—Manglis, Abbastouman; en Juillet.

var. **Prasinaria** Hb.—Borjom et Bakouriani; en Juillet.

230. METROCAMPA Latr.

Margaritaria L. — Lagodekhi, Bakouriani; Mai, Juillet.

231. EUGONIA Hb.

Quercinaria Hufn. — Borjom, Bakouriani, Manglis, Lagodekhi, Lenkoran; Juin, Août.

ab. **Carpinaria** Hb. — Borjom.

Erosaria Bkh. — Le Dr. Fixsen l'a trouvée à Borjom; Manglis.

Quercaria Hb. — M. de Hedemann la cite de Manglis; en Août.

232. SELENIA Hb.

Bilunaria var. **Juliaria** Hv. — Lagodekhi.

Lunaria Schiff. — Borjom, Manglis; en Juillet.

var. **Delunaria** Hb. — Borjom; en Juillet.

Tetralunaria Hufn. — Borjom, Lagodekhi, Khotchaïdagh, Lenkoran; depuis le mois de Mai jusqu'en Juillet.

233. PERICALLIA Stph.

Syringaria L. — Lagodekhi; en Mai.

234. HIMERA Dup.

Pennaria L. — Borjom; Septembre et Octobre.

235. CROCALLIS Tr.

Tusciaria Bkh. — Borjom, Helenendorf; en Septembre.

Elinguaria L. — Borjom, Manglis; en Septembre.

236. EURYMENE Dup.

Dolabraria L.—Lagodekhi; Mars, Juin, Août.

237. ANGERONA Dup.

Prunaria L.—Borjom; en Juillet.

238. URAPTERYX Leach.

Sambucaria var. **Persica** Mén.—Borjom, Manglis, Lagodekhi, Helenendorf, Adjikent, Daratchitchag, Abbastouman, Lenkoran; en Juin et Juillet.

239. RUMINA Dup.

Luteolata L.—Borjom; Septembre et Octobre.

240. HETEROLOCHA Ld.

Laminaria HS. — Borjom, Lagodekhi, Akhaltsikhe, Daratchitchag; en Juin et Juillet.

241. EPIONE Dup.

Acuminaria Ev.—Kasoumkent; trouvé à Erivan par M. le Dr. Fixsen; en Juillet et Août.

Apicaria Schiff.—Lagodekhi; en Juillet.

Paralellaria Schiff.—Bakouriani; en Août.

Limaria Chr. (Pl. V. fig. 6).—*Alis griseis, anticis apice
acuta, maculis parvis, 3 oblique positis ante medium, una in
medio et una ad ³/₄ marginis anterioris nigro-fuscis, striga
obliqua oriente ex apice, macularum fuscarum, divisa nervis
in maculas et in longitudinem linea lutescente; posticis fascia
media arcuosa subgeminata maculaque media fuscis 1 ♀.*

Exp. al. ant. 12 mm.

Une petite espèce de peu d'apparence, n'ayant aucune ressemblance avec les espèces connues, mais appartenant certai-
nement à ce genre.

Palpes à épaisses écailles brun-rouille, dépassant un peu
le front. Antennes filiformes à cils blancs à peine visibles.
Pattes et ventre légèrement recouverts d'écailles grises, entre-
mêlées d'écailles brun-foncé. Tète et thorax gris-clair, ainsi
que l'abdomen, où se voient cependant bien plus d'écailles
brunes. Il n'y a que le bord des anneaux de l'abdomen qui
soit clair.

Les ailes sont d'un gris-clair rougeâtre. L'apex des ailes
antérieures est très aigu. La raie transversale antérieure n'est
marquée que de trois taches ou points brun-gris foncé; le
point le plus prononcé se trouve exactement au milieu du
bord costal et les deux autres sur les nervures en direction
oblique vers le bord interne. Ensuite vient le point central,
qui est assez petit et au ³/₄ de la longueur du bord costal
se voit encore une tache noir-brun un peu plus grande. Le
dessin se compose principalement d'une bande géminée de taches, qui va de l'apex au bord interne, en s'élargissant graduellement. Elle est partagée longitudinalement par une ligne
jaunâtre et interrompue transversalement par les nervures, qui
sont ici également jaunes.

Hors le petit point central noir-brun il se trouve une
ligne courbée presqu'au milieu des ailes postérieures et vers le
bord extérieur une seconde-ligne, moins distincte, qui ne com-

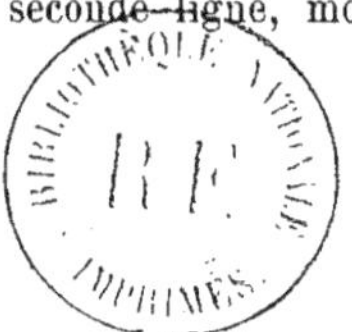

7

mence qu'à la moitié de la largeur de l'aile. Ces deux lignes, séparées par une mince raie jaunâtre, sont parallèles au bord extérieur.—Le bord extérieur de toutes les ailes est indiqué par une rangée de petites taches noir-brun. La frange est concolore.

Le dessous des ailes est plus foncé dans le disque; les raies et le point central ressortent distinctement.

L'unique ♀ a été capturée par M. Christoph. „Ce papillon", m'écrit-il, „volait sur une pente rocheuse, très escarpée, dans une des hautes vallées au Nord d'Ordoubad. Il était de toute impossibilité de le poursuivre, car une fois effarouché il prenait son vol très-haut dans les montagnes et à une distance considérable.

242. CAUSTOLOMA Ld.

Flavicaria Hb. — Borjom, Manglis, Lagodekhi, Noukha, Helenendorf, Adjikent, Kourouche, Koussari; en Juin et Juillet.

243. VENILIA Dup.

Macularia L.—Borjom, Lischk, Khotchaldagh; en Juin.

244. EILICRINIA Hb.

Cordiaria Hb.—Lagodekhi, Helenendorf, Ordoubad, Kasoumkent, Derbent. Mai, Juillet.

Trinotata Metzner.—Evlakh, Warwara; en Avril; sur des ormes *(Ulmus campestris)*.

245. MACARIA Curt.

Notata L. — Borjom, Lagodekhi, Soukhoum, Ordoubad; depuis le mois de Mai jusqu'en Août.

Aestimaria Hb.—Ordoubad, Evlakh, Warwara, Derbent, Bartas, Karasakhkal; en Avril, jusqu'en Juillet. Excepté un exemplaire d'Ordoubad tous les autres présentent des formes transitoires à la var. **Sareptanaria** Stgr. ou la variété elle-même.

Liturata Cl.—Manglis, Borjom, Bakouriani; en Juin et Juillet.

246. HYBERNIA Latr.

Bajaria Schiff. — L'unique exemplaire vient de Tiflis, où je l'ai pris vers la fin de Septembre.

Aurantiaria Esp.—M. de Hedemann l'a trouvée à Manglis à la mi-Novembre.

Marginaria Bkh.—A Manglis au mois de Mars, d'après M. de Hedemann.

Defoliaria Cl.—Borjom, Helenendorf, Lagodekhi, Lischk; au mois de Juin et Juillet 1882, à Lischk les chênes étaient complètement rongés par les chenilles de cette *Hybernia*. Le papillon vole en Octobre et en Novembre.

247. ANISOPTERYX Stph.

Aceraria Schiff. — Manglis; Juin, Novembre (M. de Hedemann).

Aescularia Schiff. — Tiflis, en Mars; Borjom, en Avril.

7*

248. BISTON Leach.

Incisarius Ld. — M. de Staudinger la possède d'Akhaltsikhe.

Zonarius Schiff. — L'unique exemplaire a été pris par M. le Dr. Sievers à Tiflis, en Mars.

Necessarius Z. — Tiflis, Borjom, Helenendorf, Bakouriani; en Mars et Avril.

Stratarius Hufn. — M. de Hedemann l'a trouvée à Manglis, au mois de Mars.

249. AMPHIDASIS Tr.

Betularius L. — Lagodekhi, Helenendorf, Biely-Klioutsch; en Juillet et Août.

250. APOCHEIMA HS.

Flabellaria HS. — En 1879 M. Christoph et le Dr. Sievers découvrirent aux environs de Tiflis sur l'*Euphorbia Gerardiana* une chenille, qui paraissait ne différer en rien de celle de l'*A. Flabellaria* HS., figurée pour la première fois en 1838 par Heeger *(Beiträge, p. 6, fig. 6—11)* et plus tard par Bell *(Ann. d. l. Soc. Fr. d'Ent. 1860, Pl. 12. fig. 8, 9).* — L'élevage des chenilles, qui s'y trouvaient en grande quantité, fut sans succès. — Ce n'est que l'année passée qu'il a réussi à M. Christoph de trouver à Tiflis une ♀ de cette belle phalène. Le papillon vole au mois d'Avril.

251. NYCHIODES Ld.

Lividaria Hb.—Lenkoran; en Juillet.

252. SYNOPSIA Hb.

Sociaria Hb. — Lenkoran; en Juin.

ab. **Unitaria** Stgr. — Lagodekhi, Erivan; depuis Juin, jusqu'en Août.

var. **Propinquaria** Gn. — Très fréquente à Lagodekhi. en Juillet et Août.

Serrularia var. **Phaeoleucaria** Ld. — Eldar, Helenendorf, Derbent; en Mai et Juin.

253. BOARMIA Tr.

Gemmaria Brahm.—Très fréquente; Borjom, Helenendorf, Lagodekhi, Eldar, Soukhoum, Koussari; presque tout l'été.

Ilicaria H.-G.—Lagodekhi; en Juillet.

Repandata L.—Borjom, Bakouriani, Kodjori; en Juillet et Août.

ab. **Conversaria** Hb. — Lagodekhi.

Roboraria Schiff.—Borjom, Lagodekhi; en Juin et Juillet.

Consortaria F.—Lagodekhi, Hankynda, Derbent; depuis le mois de Mai jusqu'en Juillet.

Lichenaria Hufn.—Borjom, Abbastouman, Kodjori, Adjikent, Koussari; en Juillet et Août.

Selenaria Hb.—Lagodekhi, Hankynda; Avril, Août.

Crepuscularia Hb.—Lagodekhi; en Avril et Mai.

254. TEPHRONIA Hb.

Oppositaria Mn. — Derbent, Kasoumkent, environs de Lenkoran; en Mai et Juin.

Sepiaria Hufn. — Tiflis, Helenendorf, Derbent, presqu'île d'Apcheron; en Juillet.

255. GNOPHOS Tr.

Stevenaria B. — Plusieurs exemplaires nous ont été envoyés l'année passée par M. Leder de Helenendorf; M. Christoph l'a trouvée à Chalchal, dans la vallée de Boum, près de Noukha, au mois d'Avril; M. le Dr. Staudinger la possède de Hankynda.

Dumetata Tr.—Borjom; en Septembre.

Sartata Tr. — M. de Hedemann l'a trouvée à Tiflis en Juin.

Obscuraria Hb.—Borjom, Manglis, bords du lac de Goktcha; en Juillet et Août.

ab. **Calceata** Stgr. — Kourouche; en Juillet et Août.

Onustaria HS. — Borjom, Helenendorf, Istissou; en Juin.

var. **Serraria** Gn. — Dans les mêmes endroits.

Ambiguata Dup.—Kodjori, Borjom, Lagodekhi, Helenendorf; depuis le mois de Mai jusqu'en Septembre.

Glaucinaria Hb. — Borjom; en Octobre.

Variegata Dup. — Tiflis, Borjom, Ordoubad; en Avril.

var. **Cymbalariata** Mill.—Tiflis, Borjom; en Mai et Juin.

Mucidaria Hb. — Tiflis, Guétchinan; en Juin et Juillet.

Annubilata Chr. (Pl. V. fig. 7). — *Alis lutescente-griseis, fusco adumbratis, fasciis duabus, interna curvata, incrassata, postica denticulata, macula media albide-pupillata et linea umbrosa areae limbalis fuscis; posticis macula media, linea subcurvata, post eam linea dimidiata ante limbum, fuscis, ciliis lutescente-griseis.*

1 ♂ Exp. al. ant. 13 mm.

Nous ne possédons jusqu'à présent qu'un seul exemplaire de cette espèce petite et peu apparente. Selon le Dr. Staudinger elle peut être placée à côté de la *G. Mucidaria* Hb., à laquelle elle ressemble cependant fort peu, hors sa taille minime.

Antennes moins ciliées que chez *Mucidaria*. Pattes légèrement écaillées. Thorax et abdomen de la couleur des ailes antérieures; abdomen à pinceau anal peu apparent.

Les ailes antérieures sont peu arrondies et de la forme de celles de *Mucidaria*. Le fond des ailes est d'un gris-clair jaunâtre; il est néanmoins en apparence bien plus foncé, grâce à de petits traits transversaux noir-brun. Vers le bord extérieur le fond est particulièrement foncé. La ligne transversale intérieure est assez large et courbée vers l'extérieur. En dedans elle est munie d'une dent tronquée. La ligne transversale postérieure, commençant au $^2/_3$ du bord antérieur, se dirige d'abord en arrière et, formant ici un angle obtus, elle se prolonge vers le bord interne pour l'atteindre un peu au-delà de sa moitié. Elle aussi est bien marquée et un peu dentelée vers l'extérieur. Elle se prolonge, aussi bien marquée et dentelée, sur les ailes postérieures, tandis que la ligne transversale intérieure y manque. Le point central des ailes est très prononcé; celui des ailes antérieures présente une petite lunule noir-brun, qui se trouve assez près de l'angle de la ligne transversale postérieure.—Entre cette ligne et le bord extérieur on remarque une raie ombrée, qui, en ressortant du bord costal, est assez large; en se prolongeant, parallèlement à la ligne postérieure, elle devient de plus en plus mince; sur les ailes postérieures elle n'atteint que la moitié de la largeur des ailes et n'est que peu distincte. Les franges des ailes antérieures sont un peu plus claires que le fond des ailes. Le bord terminal des ailes postérieures est ondulé à dentelure très prononcée.

Le dessous des ailes est presque semblable à celui de la *Mucidaria*; il n'y a que la large bande dentelée sur les ailes postérieures qui manque à l'*Annubilata*.

Cette phalénite a été prise par M. Mlokossévitsch sur le Khotchaldagh, près de Lagodekhi sur une hauteur d'environ 11,000 p.

Obfuscaria Hb. — Borjom, Lagodekhi, Helenendorf; en Juillet.

256. FIDONIA Tr.

Fasciolaria Rott.—Kasoumkent; en Juillet.

257. EMATURGA Ld.

Atomaria L. — Borjom; en Juillet.

v. **Orientaria** Stgr. — Borjom, Lagodekhi, Soukhoum, Délijan, Warwara, Karasakhkal; Mai—Juillet.

258. BUPALUS Leach.

Piniarius L. — Borjom; en Juillet.

259. SELIDOSEMA Hb.

Ericetaria Vill. — Borjom, Helenendorf, Kasikoparan; en Août et en Septembre.

260. HALIA Dup.

Wauaria L. — Borjom, Manglis; en Juin.

261. DIASTICTIS Hb.

Artesiaria F. — Helenendorf.

262. PHASIANE Dup.

Petraria Hb. — Lagodekhi, Soukhoum, Boum, Batoum, Lenkoran; en Avril et Mai.

Glarearia Brahm. — Très commune.

Clathrata L. — Très commune.

263. EUBOLIA B.

Arenacearia Hb. — Tiflis, Borjom, Nakhitchévan, Han kynda, Elisabethpol, Lagodekhi, Helenendorf; en Juillet.

var. **Flavidaria** Ev. — Helenendorf, station d'Alguet, Derbent; en Juillet.

Murinaria F. — Très fréquente. A Tiflis, Borjom, Lagodekhi, Guéroussi, Kasoumkent, Délijan; Mai—Juillet.

264. SCODIONA B.

Belgaria Hb. — Helenendorf; très rare.

Conspersaria F. — Borjom, environs d'Akhaltsikhe, La godekhi, Helenendorf, où elle est très fréquente; depuis le mois de Mai jusqu'en Septembre.

265. SCORIA Stph.

Lineata Sc. — Tiflis, Borjom, Daratchitchag, Guétchinan, Koussari; Avril—Juin.

266. ASPILATES Tr.

Mundataria Cr. — Helenendorf, Erivan; en Juin.

Smirnovi Rom. (Pl. V. fig. 8). — *Alis anticis saturate citrinis, macula basali subacuta, puncto medio strigaque postica ex apice, infra subdentata, in medio lata includente maculas duas albas, rufescente-fuscis, ciliis lutescente-griseis, leviter fusco-alternatis; posticis rufescente-albidis, striga media subrecta fuscescente.*

1 ♂ Exp. al. ant. 20 mm.

C'est une espèce très remarquable, qui se distingue de toutes ses congénères par les points blancs, qui se trouvent sur la raie postérieure. D'après sa couleur jaune elle peut être rangée auprès d'*Ochrearia* Rossi.

Les pattes sont d'un brun-gris rougeâtre; la tête et le thorax d'un brun clair. Les antennes sont bipectinées, brunes à tige jaune-pâle. Les deux premiers segments de l'abdomen sont brun-rouille foncé; à partir de là l'abdomen est d'un jaune-gris rougeâtre.

Le fond des ailes antérieures est d'un jaune-citron saturé. Une tache oblongue, presque rhomboïdale d'un brun rougeâtre, appuyée au bord costal, est recouverte de jaune à la base; sa pointe tronquée dépasse le premier tiers de la longueur des ailes. Le point central n'est pas très accusé. La raie oblique postérieure d'un rouge-brun foncé prend naissance au bord costal et à l'apex même et se reduit avant d'atteindre la moitié de la largeur des ailes; à partir de ce point elle s'élargit vers lé bord interne et fait une courbe vers l'intérieur. Cette raie est plus foncée et plus distinctement limitée du côté intérieur. Deux taches assez grandes d'un blanc pur et à contours fortement marqués, se trouvent sur cette raie postérieure; elles ont également une direction oblique. Les franges sont jaunes, d'un brun-rougeâtre sur les extrémités des nervures.

Les ailes postérieures sont d'un blanc-gris rougeâtre et sablées d'écailles plus foncées. Le point central est petit et peu visible. L'étroite raie transversale d'un brun rougeâtre forme, avant d'atteindre le milieu, un angle obtus.

Le dessous des ailes antérieures a un fond jaunâtre saupoudré d'atomes noirs; la raie transversale est peu distincte, tandis que les taches blanches sont bien prononcées. Le dessous des ailes postérieures ne se distingue pas du dessus.

L'unique exemplaire de cette belle phalène a été capturé par M. Smirnoff aux environs de Tiflis.

Gilvaria F. — Manglis, Kasikoparan; en Août.

Strigillaria Hb. — Tiflis, Borjom; Juin—Août.

267. EUSARCA HS.

Badiaria Frr. — Guétchinan, Kourouche; Juin et Juillet.

Cuprinaria Chr.—Un seul exemplaire d'Ordoubad.

On trouvera la description de cette espèce plus loin dans le travail de M. Christoph sur les Géométrides et les Microlépidoptères du Tekke; aussi est-elle figurée *Pl. VI, fig. 8 a, b.*

268. GYPSOCHROA Hb.

Renitidata Hb.—Borjom, Lagodekhi, Kasoumkent, Derbent; en Juin et Juillet.

269. STERRHA Hb.

Anthophilaria Hb. — Astarà (à la frontière persane au sud de Lenkoran), Begmalo; en Juillet.

ab. **Subrosearia** Stgr.—Derbent; en Juin.

270. LYTHRIA Hb.

Purpuraria L. — Très répandue et fréquente; depuis le mois d'Avril jusqu'en Août.

271. ORTHOLITHA Ab.

Plumbaria F. — Borjom, Lagodekhi; depuis le mois de Juin jusqu'en Octobre.

Langi Chr. (Pl. V. fig. 9 a, b). —*Alis anticis apice acuta dilute-ochraceis ad limbum brunnescentibus, area basali fasciaque lata media basin versus subrecta, foras obliqua subarcuata brunnea lineisque parallelis transversalibus partim denticulatis brunnescentibus juxta fasciam, in qua punctum medium fuscum, ciliis fuscis; posticis dilute ochraceis lineis obsoletis subtribus parallelis brunnescentibus, ciliisque brunneo fuscis.*

Exp. al. ant. 17—18 mm.

Cette espèce se rapproche de la *Limitata* Sc. Palpes jaune-rouille; le second article recouvert d'écailles serrées; l'article terminal, de même muni d'épaisses squames, est peu proéminent. Pattes brun-jaune ou bien jaune-ocre, légèrement couvertes d'écailles. Le ventre est jaune-ocre clair. Les cils des antennes brun-blair du ♂ sont encore plus courts que chez *Limitata*. La tige des antennes jaune-ocre est brun-annelée. Les antennes de la femelle sont filiformes jaune-ocre uni; tête et thorax de la même couleur; l'abdomen est un peu plus clair.

Les ailes antérieures assez larges, à apex très aigu, ont le bord postérieur moins arrondi que *Limitata*. Le fond des ailes est jaune-ocre clair. Le premier tiers de l'espace basilaire est assez foncé et distinctement limité vers l'extérieur chez *Limitata*; chez *Langi* il se distingue bien peu du reste de l'espace basilaire. Une large bande médiane, qui diffère un peu de celle de *Limitata* et qui est aussi ordinairement plus étroite, forme son dessin principal. On voit des deux côtés de cette bande des lignes parallèles ondulées d'un brun clair. La bande, très nettemment limitée des deux côtés, est brune. La raie interne est presque droite (chez *Limitata* elle est ondulée et un peu arquée), légèrement sinueuse à l'extérieur et sans les deux dentelures peu prononcées, que l'on trouve chez *Limitata*. Juste au centre de cette bande, plus près du bord costal, se trouve le point central noirâtre. Vers le bord extérieur la couleur du fond est un peu plus foncée. Le bord terminal même est brun et peu ondulé. Les franges sont brun-foncé, quelquefois interrompues d'un jaune-ocre. Une ligne oblique courte brun-foncé, partant de l'apex, est tantôt très prononcée, tantôt peu visible, et souvent elle manque complètement Les femelles sont ordinairement plus pâles et leur dessin est moins marqué que celui des mâles.

Les ailes postérieures sont jaune-ocre très clair, à reflet

soyeux; elles ont un peu au délà du milieu 2 ou 3 lignes transversales brunes, composées de petits traits, qui sont pour la plupart très effacés. Les franges sont un peu plus claires que celles des ailes antérieures.

La bande médiane du dessous des ailes n'est pas distinctement limitée et tire sur le gris-jaune; le point central est bien marqué, la partie extérieure jaune-ocre plus foncé; aussi les ailes postérieures sont jaune-ocre un peu foncé à bande médiane effacée.

La chenille de cette phalène n'est pas connue; M. Christoph suppose que c'est aussi la *Cephalaria procera*, qui lui sert de nourriture, comme le papillon ne vole que dans des endroits, où cette plante croît en abondance. Tous les exemplaires, et nous en possédons bon nombre, ont été pris à Kasikoparan, en Juillet et au commencement d'Août.

J'ai nommé cette phalène en l'honneur de M. Lang, à l'habil pinceau duquel nous sommes redevables des dessins de nos „*Mémoires*".

Cervinata Schiff.—Lagodekhi, Helenendorf; en Octobre.

Limitata Sc.—Partout très fréquente.

Moeniata Sc.—Borjom, Passnaour; en Juillet et Août

Kawrigini Chr. (Pl. V. fig. 10).—*Alis anticis rufescentegriseis brunneo-mixtis, in venis nigro-fusco punctatis, striola media et fascia fusco limitata, foras sinuosa, dentata, limbo rufo-brunneo, ciliis cinereis obscurius maculatis; posticis fusco cinereis, ciliis dilutioribus.*

Exp. al. ant. 17—20 mm.

Cette belle phalène se rapproche le plus, selon M. le Dr. Staudinger, de sa *O. Junctata*; néanmoins leur analogie est trop minime pour les comparer.

Les palpes brun-gris clair, révêtus d'assez épaisses écailles, à article terminal un peu pendant et dépassant peu les

écailles poilues du second article. Tête gris-clair à touffe frontale.
Antennes filiformes, rouge-brun, à cils très minces et courts
chez le ♂; l'article basilaire, blanc-gris, est renflé et couvert
d'écailles. Pattes grises à écailles adhérentes, tarses à légère
teinte brune en dessus. Thorax et abdomen gris rougeâtre.

Ailes antérieures mêlées de gris et de brun rougeâtre.
La bande médiane est assez large et tantôt plus, tantôt moins
distinctement limitée. Les deux lignes, qui la limitent, sont en
général parallèles, et ce ne sont que les dentelures plus ré-
gulières et plus marquées du côté extérieur, qui diminuent
un peu la largeur de la bande en dessous de la moitié de la
largeur des ailes. La moitié supérieure de cette bande est
particulièrement foncée et prononcée; on voit ici du côté intérieur deux lignes parallèles interrompues et trois autres
lignes noires du côté extérieur, entre lesquelles, à l'extrémité
de la cellule discoïdale, se trouve un petit trait noir sur le
fond gris-rougeâtre de la bande. La partie inférieure de la
bande est d'un rouge gris plus égal. Une petite partie rougeâtre de l'espace basilaire, près de la base, est limitée en
direction oblique par une ligne noire légèrement arquée et interrompue entre les nervures. Ensuite viennent trois lignes
parallèles noir-brun, ondulées et dentelées, interrompues à
plusieurs reprises et renflées seulement sur les nervures.
Entre ces lignes le fond est brun-rougeâtre. Du côté extérieur
de la bande médiane, assez parallèle à celle-ci, se trouve sur
les nervures une double rangée de points ou de taches noir-
brun, disposées aussi sur un fond rougeâtre. Plus loin, jusqu'au bord extérieur, la couleur est d'un gris clair; le bord
terminal même est cependant rougeâtre et dans les plis des
extrémités des nervures se trouve une tache noire presque
triangulaire. La base des franges est d'un gris foncé; elles sont
interrompues par des rayons jaune-gris, couleur que l'on re-
trouve sur la partie extérieure de la frange.

Les ailes postérieures sont gris-fumée foncé, vers la base un peu plus claires, à trait central peu marqué. Franges jaune-gris clair, plus foncées vers le milieu.

En dessous les ailes antérieures sont gris-fumée dans le disque, à bande médiane peu prononcée et à tache centrale bien marquée. L'apex et la partie extérieure sont d'un jaune argileux, ainsi que les ailes postérieures qui en plus ont un trait central très distinct.

Ce papillon bien rare volait près de Kasikoparan sur des pentes pierreuses et stériles depuis la moitié de Juillet jusqu'à la moitié d'Août.

Je nomme ce papillon en l'honneur de l'architecte, M. Nicolas Kawrigin, lépidoptérologue zélé à St.-Pétersbourg.

Vicinaria Dup. — Lischk, Guétchinan; Juin et Juillet.

Bipunctaria Schiff. — Borjom, Manglis, Lischk, Guéroussi, Guétchinan, Kourouche, Délijan; Juin — Aout.

ab. **Gachtaria** Frr. — Environs du lac de Goktcha; elle préfère les endroits plus élevés.

272. MESOTYPE Hb.

Virgata Rott. — Kasikoparan; fin de Juillet. Très rare.

273. MINOA B.

Murinata Sc. — Aux environs de Lenkoran; fin d'Avril.

var. **Monochroaria** HS. — Borjom, Lagodekhi, Helenendorf, Soukhoum, Noukha, Derbent; Mai — Juillet.

274. STAMNODES Gn.

Depeculata Ld.—Kodjori, Guétchinan, Hankynda, Kourouche; en Juin et Juillet.

275. POLYTHRENA Gn.

Haberhaueri Ld. — Borjom, Abbastouman, Soukhoum,
Khotchaldag; Mai — Juillet.

276. ODEZIA B.

Atrata L.—Atskhour, Bakouriani, Daratchitchag; Juin—
Août.

277. SIONA Dup.

Nubilaria Hb.—Helenendorf.

278. LITHOSTEGE Hb.

Flavicornata Z. - Helenendorf, Tschemakhly; en Avril
et Mai.

Griseata Schiff.—Tiflis, Ordoubad.

var. **Infuscata** Ev.—Tiflis, Lagodekhi, Helenendorf, Eldar,
Ordoubad, Grand-Ararat; Avril et Mai.

Duplicata Hb. — Tiflis, Helenendorf, Eldar, Lagodekhi,
Ordoubad; Avril et Mai.

Farinata Hufn. — Tiflis, Helenendorf, Ordoubad; Mars et Avril.

Bosporaria HS. — Tiflis, Helenendorf, Eldar, Ordoubad; en Avril et Mai.

279. ANAITIS Dup.

Lithoxylata Hb.—Manglis, Kasikoparan; en Août.

Columbata Metzner.—Manglis, Bakouriani, Lischk, Guétchinan, Daratchitchag, Kasikoparan, Borjom (m. Bolchoïe Pojarichtche), Kourouche. Elle vole en Juillet et Août à une hauteur de 6—8000 p.

Boisduvaliata Dup.—Lischk, Guéroussi, Istissou, Akhaltsikhe, Grand-Ararat, Daratchitchag; en Juin et Juillet.

Praeformata Hb. — Lischk, Bakouriani, Guétchinan; en Juin et Juillet.

Plagiata L.—Partout.

Numidaria HS.—Lischk, Guétchinan, Kasikoparan, Khotchaldagh; en Juin et Juillet.

Opificata Ld.—Environs d'Elisabethpol.

Perpetuata Ld.—M. le Dr. Staudinger la cite d'Akhaltsikhe.

280. CHEIMATOBIA Stph.

Brumata L.—Lagodekhi; Novembre et Février.

281. TRIPHOSA Stph.

Taochata Ld. — Tiflis, Manglis, Akhaltsikhe, Ordoubad; en Juin.

Dubitata L.—Manglis, Borjom, Helenendorf, Lagodekhi, Hankynda, Derbent; tout l'été.

282. EUCOSMIA Stph.

Montivagata Dup. var. **Hyrcana** Stgr. — Ordoubad; en Juin.

Undulata L.—Borjom; Mai et Juin.

283. SCOTOSIA Stph.

Vetulata Schiff. — Borjom, Manglis, Lischk; Juin et Juillet.

Rhamnata Schiff.—Borjom, Manglis, Helenendorf, Koussari; Juin—Août.

284. LYGRIS Hb.

Prunata L. — Borjom, Bakouriani, Manglis; en Juin et Juillet.

Associata Bkh.—Borjom.

8*

Appendice.

Sesia Ichneumoniformis F.? (Pl. IV. fig. 2). — Un ♂ bien conservé, qui fut pris en Juillet à Kasikoparan sur une pente herbue, diffère sous bien des rapports de l'*Ichneumoniformis*. Si ce n'était le seul exemplaire, je n'aurais pas hésité de le reconnaître pour une nouvelle espèce; pour le moment il n'a qu'à être regardé comme variété de cette espèce, jusqu'à ce que nous ayons des matériaux plus complets. Le Dr. Staudinger, auquel avait été envoyé cet exemplaire, m'écrit là-dessus ce qui suit:

„Cette *Sesia*, si intéressante, pourrait néanmoins être une variété d'*Ichneumoniformis*, car cette espèce varie extrêmement. J'ai une ♀, dont la petite bande transversale est aussi orange et plusieurs autres avec le bord interne de la même couleur. Mais je ne possède aucun exemplaire, où la partie basilaire du bord costal soit orange. En plus, je n'ai point de ♂ (mais bien une ♀), où les antennes soient toutes jaunes. Ce qu'il y a de plus étonnant et ce qui parle en faveur d'une espèce particulière, c'est la partie transparente extérieure des ailes antérieures, qui absorbe presque tout le bord extérieur. En plus le segment 3 de l'abdomen est tout foncé et le 4-e tout jaune, ce qui n'est pas le cas chez aucun de mes exemplaires".

Ces mots suffisent pour indiquer les différences entre cette espèce et l'*Ichneumoniformis*.

Sesia Aurifera Chr. (Pl. IV. fig. 3). — *Palpis flavis, antennarum atrofuscarum flavo-conspersarum articulo basali flavo, capite aureo-flavo, thorace caeruleo-nigro, vittis tribus flavis abdomine aureo-flavo, segmentibus caerulescente-argenteo terminatis, penicillo nigro, in medio aurantiaco. Alis anticis flavis venis*

*nigro-conspersis striola lata fusca foras flavocincta venae trans-
versae cellulae mediae hyalinae, spatio terminali antice hyalino.
Posticis hyalinis venis striolaque brevi limbo omnium aureo mi-
cante, ciliis fusco-cinereis. Pedibus dilute flavis, micantibus.*

♂ ♀ Exp. al. ant. 10 mm.

Corp. ♂-is 12 mm.

Corp. ♀ -æ 11 mm.

Elle se rapproche de la *S. Masariformis* O. Palpes légèrement ascendants; ils sont jaune-clair à leur base et passent
au jaune d'or. Le second article est garni d'écailles serrées
adhérentes; l'article terminal, d'une couleur un peu plus foncée, est pointu. La trompe brun-foncé est mince. Antennes noires à reflet métallique et à écailles jaunes, celles
du ♂ munies de cils courts d'un gris foncé. L'article
basilaire des antennes est très court et renflé. Pattes jaune-
clair et luisantes. Les tibias sont couverts d'écailles poilues
peu serrées et plus longues à leur extrémité. Les deux paires d'ergots des tibias postérieurs sont assez longues. Le
ventre est jaune. Le pinceau anal, d'égale longueur chez les
deux sexes, est orange passant au noir vers les deux côtés.
Front jaune-d'or, thorax vert bronzé, collier, épaulettes et un
trait médian du corselet jaunes. Abdomen jaune, les segments
à lisérés verdâtres ou bleuâtres à reflet argenté.

Le bord costal, le bord interne et les nervures des ailes
antérieures garnis d'écailles jaune-d'or; cependant ces écailles
s'usent facilement, surtout sur les nervures, et alors apparaît
le fond noir-brun, qu'elles recouvrent. La bande transversale
médiane est médiocrement large, noir-brun, un peu cunéiforme,
extérieurement bordée d'un brun et violet cuivré. De la bande
vers l'apex se prolonge une ombre oblique d'un brun noirâtre. La cellule discoïdale et une petite partie du fond entre
la bande transversale et le bord extérieur sont transparentes
et à jeu d'opale.

Ailes postérieures transparentes; nervures brunes vers la base, couvertes d'écailles jaunes ainsi que le bord antérieur et la base des ailes. La lunule souscostale, partant du bord antérieur et allant jusqu'à la cellule *b*, présente un trait cunéiforme, oblique.

La frange de toutes les ailes est d'un brun noirâtre, un peu plus claire vers l'extérieur et un peu luisante. Le bord terminal est de même d'un brun noirâtre et luisant.

Cette remarquable *Sesia* a été découverte par M. Christoph dans un défilé près de Kasikoparan; elle volait vers la fin de Juillet.

LEPIDOPTERA

aus dem Achal-Tekke-Gebiete

Von H. CHRISTOPH.

(Planches VI, VII, VIII et XV).

Zweiter Theil.

154. Phorodesma Fulminaria Ld.—Nur ein Männchen wurde bei Nuchur gefangen.

155. Eucrostis Herbaria Hb. — Ein Männchen wurde am 27. Mai bei Nuchur, ein sehr schönes und fast doppelt so grosses Weibchen Anfang Mai bei Askhabad an der Lampe gefangen.

var. **Advolata** Ev.—Das einzige, bei Askhabad gegriffene Exemplar, das später zu Grunde ging, unterchied sich nicht von den südrussischen.

156. Nemoria Pulmentaria Gn.—Das einzige Pärchen stammt von Askhabad; Anfang Mai.

157. Acidalia Rufaria Hb.—Diese Art war bei Nuchur nicht selten; die Exemplare sind bleicher, als die transkaukasischen.

158. Acidalia Ossiculata Ld.—Sie flog recht häufig bei Nuchur und zwar an kräuterreichen Abhängen; Anfang Juni.

159. Acidalia Moniliata F.—Ich fing diese Art mehrfach an der Lampe in der Umgegend von Nuchur; die Stücke sind kleiner und weniger lebhaft gezeichnet, als die europäischen und transkaukasischen; namentlich treten die weisslichen Flecke nicht so scharf hervor; 14.—27. Juni.

160. Acidalia Dimidiata Hfn. - Einige Exemplare wurden von General Komaroff bei Askhabad gefangen.

161. Acidalia Camparia HS. — Ich fing ein Männchen dieser Art am 10. Juni bei Nuchur.

162. Acidalia Virgularia Hb.—Selten bei Nuchur.

163. Acidalia Straminata Tr. - Die zwei Pärchen, die ich bei Nuchur fand, sind etwas heller, als meine deutschen, südrussischen und transkaukasischen Stücke; auch ist der Hinterrand weniger geschwungen und erscheinen die Vorderflügel desshalb etwas mehr zugespitzt.

164. Acidalia Obsoletaria Rbr.—War ebenfalls in der Umgegend von Nuchur nicht selten. Diese Art variirt ziemlich beträchtlich; einige, besonders weibliche Stücke, zeigen eine sehr kräftige und dunkle Bindenzeichnung auf ziemlich hellem Grunde; bei anderen dagegen ist der Flügelgrund mehr gelblich und die Bindenzeichnung weit schwächer.

165. Acidalia Pecharia Stgr. — Zwei ziemlich grosse ♀♀ wurden am 20. Juni bei Nuchur gefangen; sie weichen von den ungarischen Exemplaren durch lichteren, gelblichen Flügelgrund und durch deutlicher hervortretende Bindenzeichnung ab; auch sind sie grösser.

166. Acidalia Inornata var. **Deversaria** HS.—2 ♂♂ von Nuchur.

167. Acidalia Adulteraria Ersch.—Zwei ziemlich abgeflogene Männchen fing ich am 17. Mai bei Askhabad an der Lampe. Neben diese Art gehört die durch ihre Zeichnung sehr nahe verwandte *A. Ansulata* Ld. aus Persien.

168. Acidalia Halimodendrata Ersch. — Diese nicht häufige Art flog vom 12. Mai an bei Askhabad; auch fing ich sie am 5. Juni in der Nähe von Geok-Tepe; sie liebt feuchte Wiesen.

169. Acidalia Beckeraria Ld. — Eine der gemeinsten und verbreitetsten Arten, die von April bis Mitte Mai überall in der Steppe vorkommt, – so bei Askhabad, Nuchur und Kisil-Arwat. Sie variirt nicht unerheblich, sowohl in der Färbung, die bald mehr röthlich, bald mehr gelblich ist, als auch in Bezug auf die Deutlichkeit der Querlinien.

170. Acidalia Marginepunctata Göze.—Nur 2 Weibchen von Nuchur; das eine derselben zeigt eine schwärzliche Ausfüllung der beiden mittleren Querlinien.

171. Acidalia Flaccidaria Z. – Ziemlich selten bei Askhabad; fliegt im Mai und gleicht vollständig den kaukasischen Stücken.

172. Acidalia Ornata Sc.—Ein grosses ♂ von Nuchur.

173. Boarmia Cocandaria Ersch. (Pl. VI. fig. 2 a, b).— Dieser Spanner wurde mehrfach bei Askhabad und Nuchur, und zwar vom 8. Mai bis zum 15. Juni an der Lampe gefangen. Die Abbildung in Erschoff's *Lepidoptera in expeditione Turkestaniensi, duce A. P. Fedtschenko, collecta, tab. IV. fig. 63*, ist, was die Oberseite anbetrifft, so wenig gelungen, dass eine abermalige Darstellung zweckmässig erschien.

174. Fidonia Hedemanni Chr. (Pl. VI. fig. 3). — *Alis anticis cretaceis, strigis ambabus, antica recta unidentata, postica* *tridentata, puncto crasso medio, maculis magnis antelimbalibus, atomis irroratis fusco-brunneis, ciliis albidis fusco-variis; posticis infuscatis, albide conspersis, fascia media bifracta obsoleta fusca.*

1 ♂ Exp. al. ant. 8 mm.

Die Zugehörigkeit dieser Art zur Gattung *Fidonia*, wohin ich sie einstweilen gestellt habe, ist mir zweifelhaft. Soweit die Untersuchung des Flügelgeäders bei dem einzigen Exemplare möglich war, liess sich keine Abweichung von der Gattung *Fidonia* feststellen. Die Flügelform indessen weicht ziemlich erheblich ab und erinnert dieser Spanner, freilich nur in dieser Beziehung, an *Chondrosoma Fiduciaria* Ank.

Augen gross und stark hervortretend; Spiralzunge kurz; Palpen sehr kurz, locker und nicht lang behaart. Fühler mit ziemlich dickem Schaft, der oberseits, von der Wurzel bis gegen die Mitte, dunkelbraun, weiterhin gelblich weiss ist; mit sehr feinen und ziemlich kurzen Kammzähnen. Brust und Schuppenhaare der Beine weiss, mit wenigen feinen, schwarzen Atomen. Die dunkelbraunen Tarsenglieder sind an ihren Enden weiss geringelt. Der ziemlich breite Thorax ist kreidigweiss, mit schwarzbraunen Schuppen gemischt. Hinterleib ziemlich kurz, braun, mit weisslichen Segmenträndern. Vorderflügel mit fast geradem Vorderrand, an der Spitze mässig abgerundet. Aussenrand leicht geschwungen. Der kreideweisse Flügelgrund ist mit groben schwarzbraunen Schuppen, die sich hie und da zu kurzen Querstrichen vereinigen, recht reichlich bedeckt. Eine vordere, dunkelbraune, gerade, dicke, vertikal gerichtete Querlinie beginnt am Costalrande fleckartig, und tritt nach aussen in einem stumpfen Zacken vor. Die hintere, gleich kräftige Querlinie verläuft ziemlich in derselben Richtung, hat aber 3 auswärts gerichtete Zacken; auswärts ist dieselbe weiss flankirt. Auf ihrer Innenseite ist mit derselben ein dicker Mittelpunkt verbunden. Im Saumfelde befinden sich vor der Spitze und auf der unteren Hälfte, nach dem Innenwinkel zu, grössere Flecke, von denen der an der Spitze, auf der Aussenseite, 3 Zacken hat. Alle diese Querlinien und Flecke sind sehr dunkelbraun; desgleichen der sehr seicht gekerbte Saum. Die weisslichen Franzen sind etwas unregelmässig schwarzbraun gescheckt.

Die Hinterflügel sind weisslich und rauchgrau gemischt, mit einer hellbraunen, zweimal ausgebuchteten, nicht scharf begränzten Mittelbinde. Zwischen ihr und der Wurzel ist am Innenrande der Anfang einer sehr verloschenen Binde zu erkennen. Der Saum ist ebenfalls braun; die Franzen sind graubraun und weisslich gefleckt.

Die Unterseite hat auf den Vorderflügeln dieselbe Zeichnung, wie oben, nur etwas matter. Auf den Hinterflügeln, die entschieden weisslich sird, ist der Vorderrand, die Mittelbinde und der Saum deutlicher, als auf der Oberseite.

Dieser, wie es scheint, sehr seltene Spanner, wurde am 10. Mai in Askhabad an der Lampe gefangen.

175. Phasiane Glarearia Brahm. — Bei Nuchur häufig und in recht grossen Exemplaren.

176. Scodiona Tekkearia Chr. (Pl. VI. fig. 4). — *Alis albide-cinereis, brunnescente conspersis, strigis ambabus, interna obsoleta, curvata, externa in angulum fracta, dentata; in posticis magis expressa, striolisque cellularibus fuscescentibus.*

♂ 1 Exp. al. ant. 21 mm.

Kopf mit ziemlich abgeplatteter, anliegend behaarter Stirn. Palpen schräg aufwärts gerichtet; das Mittelglied derselben — mit rauh abstehender Behaarung, das Endglied — dick, jedoch anliegend beschuppt. Fühler mit nicht besonders langen Kammzähnen, die bis an die Spitze reichen. Thorax breit, mit feiner etwas lockerer Behaarung und so, wie der Hinterleib, licht gelb oder staubgrau. Afterbusch nicht lang. Beine kräftig. Hinterschienen mit 2 Paar Dornen.

Die Vorderflügel sind mit fast geradem Vorderrande und nach dem Innenwinkel mehr eingezogen, als bei der ihr zunächst stehenden *Sc. Conspersaria*. Die Farbe beider Flügel ist ein lichtes Gelbgrau, das aber zum grösseren Theile von gelbbraunen und dunkelgrauen, besonders auf den Hinterflügeln zu Querstrichen sich vereinigenden Schuppen überdeckt wird. Von den beiden Querbinden oder Linien beginnt die vordere nur wenig vor der Hälfte des Vorderrandes; sie ist sehr verloschen, seicht bogenförmig nach Aussen geschwungen. Die hintere beginnt ziemlich kräftig etwas hinter dem letzten Drittel des Vorderrandes und bildet, zwischen Rippe 6 und 7 nach Aussen tretend, einen Winkel; von hier aus verläuft sie ziemlich parallel dem Hinterrande, bildet mehrere deutliche, wenn auch verschieden starke, unregelmässige Zacken und endet am Innenrande als kleiner, verdickter Fleck. Zwischen dieser hinteren Querlinie und dem Saume befindet sich noch eine kaum bemerkbare Schattenlinie. Auf den Hinterflügeln setzen sich die Querbinden der Vorderflügel etwas kräftiger und deutlicher fort; die hintere ist aber seichter ausgezackt. In der Mitte zwischen den zwei Querlinien ist auf beiden Flügeln, am Schluss der Mittelzelle, ein wenig bemerkbares, dunkles, kurzes Querstrichelchen. Der Saum ist nur sehr seicht gewellt. Die Franzen sind auf der Saumhälfte gelblich, nach aussen weisslich; dazwischen zieht sich eine breite graue, mehr schattenartige Theilungslinie hin.

Die Unterseite der Flügel ist gelblich weiss; die Querlinien und der Mittelstrich scheinen auf den Vorderflügeln nur wenig durch, während sie auf den Hinterflügeln kräftig hervortreten.

Das einzige Männchen wurde am 18. Juni bei Nuchur auf einer grasigen Steppenfläche gefangen.

177. Aspilates Innocentaria Chr. (Pl. VI. fig. 5) — *Antennis albis, brunneo-bipectinatis; alis anticis subacutis cretaceis, leviter fusco-conspersis, striola media, strigis duabus, antica obsoleta curvata, postica crenulata et umbracula strigosa subrecta inter eas lutescente-brunneis; posticis strigis obsoletioribus*

Exp. al. ant. 19 mm.

Diese Art erinnert an *A. Strigillaria* v. *Cretaria* Ev., ist aber stets grösser und hat andere Zeichnung und Querbinden.

Das Männchen hat braune, bis an die Spitze ziemlich dick beschuppte Palpen, welche nur wenig aufwärts gerichtet sind; die Spitze derselben ist weisslich; Stirn weiss. Fühler mit kräftiger weisser Geissel und dunkelbraunen, nicht sehr langen Kammzähnen. Brust und Bauch weiss. Beine hellbraun, auf der Oberseite leicht weisslich bestäubt. Das Weibchen hat weissliche Palpen; der Kopf und die fadenförmigen Fühler sind ebenfalls weiss. Oberkörper kreideweiss, beim ♂ mit verlängerten Afterhaaren. Die kreideweissen Flügel sind beim ♂ reichlicher, beim ♀ nur wenig braun bestäubt. Die vordere Querlinie ist bei dem ♂ sehr verloschen, bei einem ♀ garnicht, bei dem anderen als feine, deutliche Bogenlinie sichtbar. Die hintere, deutliche, seicht gezahnte Querlinie nimmt ihren Anfang nicht sehr weit von der Spitze und ist nur wenig geschwungen. Zwischen beiden, aber nicht genau in der Mitte, sondern mehr nach **Aussen** und hinter dem Mittelstrich, an dem Schluss der Mittelzelle, geht in schräger Richtung ein fast gerader Streifschatten quer durch die Flügel. Auf den Hinterflügeln setzt sich diese Bindenzeichnung fort, aber der Mittelschatten reicht nicht bis an den Vorderrand, sondern nur wenig über den kleinen Mittelfleck hinaus. Alle diese Querlinien sind gelbbraun. Der Saum ist braun, die Franzen weiss. Auf der Unterseite, die reichlicher dunkel bestäubt ist, als die Oberseite, sind auch die Mittelpunkte und Querlinien deutlicher, als oben; der Mittelschatten fehlt jedoch.

1 ♂ und 2 ♀♀ wurden am 16. Juni bei Nuchur auf einer Steppenwiese gefangen.

178. Eusarca Badiaria Frr.— 2 ♀♀ wurden bei Nuchur am 10. Juni gefangen. Von den südrussischen Exemplaren weichen sie durch etwas lichteres, mehr röthliches Grau und kräftigere Zeichnung ab.

179. Eusarca Pellonaria Stgr. (Pl. VI. fig. 6 a, b).— Bei Nuchur, im Juni, auf kräuterreichen, mit Gebüsch durchsetzten Stellen, nicht selten. Das ♀ erscheint ziemlich spät, wenn das ♂ meistentheils schon abgeflogen ist. *E. Pellonaria* Stgr. steht der nordpersischen *E. Terrestraria* Ld. sehr nahe und sind beide vielleicht nur Localracen einer Art.

180. Eusarca Vastaria Chr. (Pl. VI. fig. 7).—Die Abbildung dieses, bisher nur bei Krasnowodsk gefundenen Spanners ist in den *Horae S. E. R. T. XII, pl. VII, fig. 31 u. 32* enthalten; sie ist aber so schlecht und unkenntlich, dass es geboten schien, die Art noch einmal im Bilde darzustellen.

181. Eusarca Cuprinaria Chr. (Pl. VI. fig. 8 a, b).— Nur ein ♀ wurde am 20. Mai, am Fusse des Gebirges in der Nähe von Askhabad gefangen. Diese stets seltene Art wurde von mir ausserdem noch in Nord-Persien und bei Ordubad gefunden. Auch von dieser Art genügte die ganz unkenntliche Abbildung (l. c. *fig. 33*) nicht.

182. Sterrha Anthophilaria ab. **Subsacraria** Stgr.— Das einzige ♂ dieser Art wurde von Herrn General Komaröff bei Askhabad gefangen.

183. Lythria Purpuraria L. — Ein Pärchen von Geok-Tepe; gross mit wenig Zeichnung.

184. Lithostege Flavicornata Z.—Ein abgeflogenes ♂ wurde am 16. Juni bei Nuchur gefangen.

185. Lithostege Griseata Schiff.—Ein ♀, am 3. Mai, bei Askhabad.

186. Lithostege Duplicata Hb.—Ich fing ein Pärchen dieser Art, und zwar in ziemlich kleinen Exemplaren, an den Laternen einer Eisenbahnstation zwischen dem Busen von Michailoff und Kisil-Arwat; am 15. April.

187. Lithostege (Anaitis) Excelsata Ersch. (Pl. VI. fig. 12). — Diese Art, die bald lichter oder dunkler gefärbt, bald schwächer oder schärfer gezeichnet ist, dürfte, schon der Flügelgestalt und Zeichnung nach, zu *Lithostege* zu setzen sein. Erschoff stellte sie zu *Anaitis* wegen der nicht verdickten Vorderschienen.—Nach Vergleich einer beträchtlichen Anzahl von Exemplaren, stellte sich heraus, dass die Vorderschienen, wenn auch nicht besonders stark, so doch nicht weniger verdickt sind, als bei den meisten anderen *Lithostege*-Arten. Vielleicht dürfte diese Art sogar eine besondere Gattung beanspruchen. Das Flügelgeäder gleicht dem von *Lithostege* und *Anaitis*, nur ist Rippe 3 und 4 vereinigt, d. h. aus einem gemeinschaftlichen, aus der unteren Ecke der Mittelzelle ausgehenden Stamm, treten, nicht weit vom Hinterrande, Rippe 3 und 4 gabelförmig hervor.

Eine nochmalige Abbildung schien nicht überflüssig, da dieselbe bei Erschoff *(Lep. in exp. Turk., duce A. P. Fedtschenko, coll. tab. IV fig. 71)* nicht besonders kenntlich ist.

188. Lithostege Luminosata Chr. (Pl. VI. fig. 9).— *Alis anticis dilute ochraceis, strigis duabus obsoletis, tantum in nervis expressis brunnescentibus, posticis lutescente-griseis.*

Exp. al. ant. 13 mm.

Das einzige Männchen dieser wenig gefärbten Art ist, bis auf die theilweise abgestossenen Franzen, genügend erhalten, um es zu beschreiben. Am Besten lässt sich diese Art zu *L. Flavicornata* Z. stellen.

Kopf und Palpen hell bräunlich gelb; das kurze Endglied der letzteren weisslich; das Mittelglied ziemlich dick beschuppt. Der Thorax und Hinterleib grau-gelb.

Die Vorderflügel haben ziemlich genau die Gestalt derjenigen der *L. Flavicornata Z.* — Sie sind hellbräunlich oder ockergelb. Die Bindenzeichnung ist sehr schwach und nur auf den Rippen und am Rande deutlicher, d. h. dunkler röthlichgraubraun. Die vordere, nur sehr wenig bemerkbare Querlinie, ist, sehr nahe an der Wurzel, leicht gebogen; die zweite, etwas vor der Mitte, ist ziemlich stark geschwungen. Zwischen diesen beiden stehen als Spuren einer Querlinie 2 — 3 wenig bemerkbare Fleckchen oder Punkte. Die hintere Querlinie hat einige seichte Auszackungen. Im Saumtheil sind noch zwei, nur sehr schwach angedeutete Wellenlinien, die sich, gegen den Innenrand zu, vereinigen. Franzen—gelblichweiss, Hinterflügel licht gelblich grau gewässert.

Unterseite weisslich gelbgrau, am Vorderrande der Vorderflügel etwas dunkler, mit durchscheinender hinterer Querlinie nächst dem Vorderrande.

Das einzige ♂ wurde am 28. April bei Askhabad gefangen.

189. Lithostege Amoenata Chr. (Pl. VI. fig. 10).— *Alis anticis albo-griseis, fasciis duabus latis brunneo-impletis, antica obliqua in medio cuneata, nigrocincta, albo-circumscripta, fusco limitata, postica striga subsinuata, composita e lineis 4 nigris, cum linea arcuata bidentata alba puncto discoïdali nigro; ciliis albis, fusco-maculatis; posticis griseis, venis infuscatis, fasciis duabus albidis.*

Exp. al. ant. 17 mm.

Die Zeichnung und Färbung dieses schönen Spanners erinnert sehr an die der *Anaitis Numidaria* HS., doch gehört er wegen der kurzen Vorderschienen mit Dornen in die Gattung

Lithostege, und zwar neben *Farinata* Hufn., da die anderen *Lithostege*-Arten nur einen Dorn haben.

Die Palpen haben unten kammartig abstehende, weisse Haarschuppen, die mitunter, etwas nach vorn, braun gemischt sind und bis an die Spitze des nicht langen Endgliedes reichen. Letzteres ist an den Seiten braun, oberhalb weiss gemischt. Die Augen haben zwischen den Facetten feine, rothfarbene, kurze Härchen. Die Stirn ist mit einem dicken, weissgrauen Haarschopf versehen, der ziemlich beträchtlich hervorragt. Das Wurzelglied der Fühler ist kurz, verdickt. Die Fühler des ♂ sind sehr kurz bewimpert; die Beine sind ziemlich kräftig, die Tarsenglieder lichtbraun, an den Enden weisslich. Die Schienen, die Brust und der Bauch sind weissgrau; der Thorax weissgrau und schwarzbraun gefleckt. Halskragen und Schulterdecken sind schwarzbraun gesäumt; desgleichen auch die beiden ersten Hinterleibsglieder. Die übrigen Segmente sind gelbgrau, gelblichweiss gerandet.

Die Vorderflügel sind spitz. Der Grund ist ein sehr helles, etwas bläuliches Grau. Die Zeichnung darauf besteht aus zwei breiten Binden, die im Allgemeinen aus schwarzen Parallellinien, mit brauner Ausfüllung dazwischen, zusammengesetzt sind. Die vorderste ist schräg gerichtet; sie beginnt am Vorderrande mit 3 fleckartigen Anfängen, ist nach aussen gerichtet und bildet hier einen ziemlich spitzen Winkel. Dieser ist aber nur wenig erkennbar, da der weisse Flügelgrund hineintritt. Von hier an geht nun, schräg nach dem Innenrand, nicht weit von der Wurzel entfernt, eine dicke schwarzbraune Linie. Nach aussen besteht die Begränzung aus schwärzlichen Doppellinien, mit hellbrauner Ausfüllung und schwarzen Flecken auf den Rippen. Diese äussere Begrenzung ist bei einigen Exemplaren ziemlich verloschen und dann fast nur als dunkelgrauer Streif zu bezeichnen. Zwischen beiden befindet sich ein, ebenfalls aus 2 schwarzen Linien mit brauner Ausfüllung bestehender, vor dem Vorderrande in eine scharfe Spitze auslaufender Keilstreifen, der auf beiden Seiten weiss eingefasst ist. Die hintere Binde ist fast ebenso breit, leicht geschwungen und wird von 4 schwarzen, auf den Rippen fleckartig verdickten Linien gebildet, zwischen denen die Ausfüllung hellgraubraun ist. Durch diese Binde schlängelt sich, 2 grössere stumpfe Zacken bildend, eine scharf schwärzlich begränzte, dicke, weisse Linie. Die Binde wird nach aussen von einer dicken, weissen Wellenlinie begränzt, die, wenig vor der Spitze, mit einigen, verschieden grossen Zacken anfängt, dann aber ohne Auszahnungen in den Innenwinkel geht. Aus der Spitze geht, bis unter die dritte Zacke der Wellenlinie, ein schwarzbrauner Schrägstrich. Genau zwischen beiden Binden ist, nicht sehr weit vom Vorderrande, in einem weisslichen Längswisch, ein deutlicher schwarzer Punkt. Die Saumlinie ist schwarz, auf den Rippenausgängen von Grau unterbrochen. Die Franzen sind weiss, regelmässig schwarzbraun gefleckt.

Die Hinterflügel (ohne Innenrandsrippe, 6 und 7 kurz gestielt) sind grau, nach aussen etwas verdunkelt; die Rippen schwärzlich, mit ebensolchen Mittelstricheln als Schluss der Mittelzelle. Hinter der Mitte befinden sich zwei nicht sehr breite, weisse Binden, deren äussere stärker, als die innere, gebogen ist. Die Franzen sind hell und dunkelgrau gescheckt.

Auf der Unterseite ist der Diskus der Vorderflügel rauchgrau und hellbraun gemischt, der Vorderrand weisslich bestäubt, und die weisse Linie in der Hinterbinde und die Wellenlinie deutlich.

Die Hinterflügel sind weissgrau, mit schwärzlichen Schuppen bestreut; die beiden weissen Binden treten recht deutlich hervor.

Dieser Spanner flog, gegen Ende April, auf den Grasabhängen des Kopet-Dagh-Gebirges, bei Askhabad. Aufgescheucht, liess er sich in einer Entfernung von 8—10 Schritt wieder ins Gras nieder.

190. Lithostege Usgentaria Stgr. (Pl. VI. fig. 11). —
Es ist mir nicht bekannt, ob diese Art schon von Dr. Staudinger beschrieben worden ist. Ich unterlasse daher eine vielleicht nochmalige Beschreibung bis auf Weiteres und es folgt
hier nur die Abbildung des zierlichen Spanners, den ich im
April in den gras- und kräuterreichen kleinen Schluchten der
Mergelhügel bei Krasnowodsk fing.

191. Anaitis Plagiata L. — Nuchur.

192. Scotosia Rhamnata Schiff. — Von Askhabad und
Nuchur; die Exemplare sind ziemlich gross.

193. Cidaria Fluctuata L.—Nicht selten in den felsigen Schluchten des Gebirges bei Askhabad. Fliegt im Mai.
Alle von mir gefangenen Stücke, so wie auch die transkaukasischen, unterscheiden sich von den deutschen und russischen Exemplaren, — bei denen der obere Theil der Mittelbinde immer etwas breiter und schwarzbraun ist,—durch stets
röthliche Ausfüllung; auch setzt sich die Mittelbinde in gleicher oder nur wenig blasserer Färbung bis an den Innenrand
fort. — Diese constanten Unterschiede dürften mindestens auf
eine Lokalvarietät hindeuten.

194. Cidaria Bigeminata Chr. (Pl. VII. fig. 1).—*Alis
anticis albo-cinereis, leviter rufescente conspersis, prope basin
fuscis, fascia media determinata lineis duplicatis fuscis; posticis
unicoloribus albide-cinereis.*

1 ♂ Exp. al ant. 13 mm.

Von der ihr nächstverwandten *Cid. Designata* Rott. unterscheidet sich diese, leider nur in einem ♂ Exemplar gefangene Art durch gestrecktere, mehr zugespitzte Vorderflügel,
geraderen Hinterrand, durch die aus zwei Doppellinien bestehende, mit dem Weissgrau der Flügelfarbe ausgefüllte Mittelbinde, die auch aussen eine stumpfe und viel seichtere Aus-

9*

zackung hat, und endlich durch die hellen, zeichnungslosen Hinterflügel.

Die Palpen sind dunkelbraun, mit kurzem, stumpfem, grauem Endgliede; die Fühler haben zweireihige, kurze Kammzähne. Die Beine sind dünn beschuppt, bräunlich grau; der Thorax — weissgrau, braun und schwärzlich gemischt; der Hinterleib — grau, an den Segmenträndern, seitwärts, braun.

Die Vorderflügel, mit etwas vorgezogener Spitze, und schrägem, fast garnicht ausgebogenem Aussenrande, sind weissgrau, mit feinen rothbraunen Schuppen nicht sehr dicht bestreut. Durch zwei dicke, schwarzbraune Querlinien mit rothbrauner Ausfüllung wird ein sehr kleines Wurzelfeld scharf abgegränzt; nur die Flügelwurzel bleibt hellgrau [1]). Der Vorderrand ist, von hier an, bis fast zur Mittelbinde — schwarz. Die Mittelbinde besteht aus zwei schwarzbraunen Doppellinien, zwischen denen die Ausfüllung rothbraun ist; der übrige Mittelraum hat das lichte Grau des Flügelgrundes. Die äusseren Begränzungslinien derselben sind in ihrer oberen Hälfte besonders kräftig [2]). Die innere Begränzung der Mittelbinde macht nach aussen einen fast rechten Winkel [3]), und hier steht, nahe daran, auf der Innenseite, ein dicker schwarzer Punkt, der bei *Cid. Designata* kleiner und weiter nach der Mitte der Binde gerückt ist. Die äussere hat stumpfere und viel weniger vorspringende Zacken. Zwischen ihr und der Spitze ist am Vorderrande ein kleiner Doppelfleck, von dunkelbrauner Farbe, den Anfang von zwei sehr verloschenen Wellenlinien bildend. — Der Saum ist schwarz punktirt; die Franzen sind lichtgrau, mit rothgrauer, auf den Rippen unterbrochener Theilungslinie.

---

[1]) Bei *Cid. Designata* ist das etwas grössere Wurzelfeld zwar ebenso scharf, aber weniger dunkel abgegränzt.

[2]) Bei *Cid. Designata* ist die Ausfüllung der Binde roth und der äussere Begränzungstheil besteht aus drei Parallellinien.

[3]) Bei *Cid. Designata* ist sie nur gebogen.

Die Hinterflügel sind weissgrau, mit gelblichem Anflug, zeichnungslos. Der Saum ist schwarzbraun gefleckt; die Franzen sind weissgrau, mit kaum merklich dunklerer Theillinie.

Die Unterseite der Vorderflügel ist grau gewässert, mit nur wenig durchscheinender Mittelbinde, deren hintere Gränzlinie am deutlichsten hervortritt. Hinterflügel—gelblich-weissgrau.

Der Spanner wurde mit *Fluctuata* an Felsen des Kopetdagh, bei Askhabad, gefangen.

195. Cidaria Fluviata Hb.—Einige Stücke wurden bei Askhabad von General-Lieutenant Komaroff gefangen.

196. Cidaria Riguata Hb. — Nur ein ♂ von Nuchur, von ziemlich lichter Färbung, besonders der Hinterflügel, und, mit sehr deutlich, weiss gesäumter Mittelbinde auf der Aussenseite.

197. Cidaria Putridaria HS. — Einige Stücke wurden, vom 14. bis zum 18. Juni, bei Nuchur an Felsen gefangen.

198. Cidaria Corollaria HS. — Zwei ♂♂ wurden in einer Felsschlucht des Gebirges bei Askhabad gefangen.

199. Cidaria Permixtaria HS.—1 ♂, am 14. Juni, bei Nuchur.

200. Cidaria Candidata Schiff.—Ein ♀ von Askhabad; im Mai.

201. Cidaria Bistrigata Tr.—Nur ein ♂ von Nuchur.

202. Eupithecia Gueneata var. **Separata** Stgr. (Pl. VII. fig. 2). — Ich fing diese Art einige Male am Fusse des Gebirges bei Askhabad, und zwar am Lampenlicht. Dr. Staudinger bestimmte sie als *Separata*, sagt aber dabei, dass dieselbe eine Varietät von *E. Gueneata* Mill. sei. Herr S. Alpheraky stellt unter dem Namen *Subpulchrata* eine sehr ähnliche

Species aus Kuldscha auf, die sich jedoch durch das dunkle Basalfeld der Vorderflügel von *Separata* unterscheidet. Möglich wäre es immerhin, dass auch diese *E. Subpulchrata* Alph. eine Lokalform von *Gueneata* Mill. ist.

Als eine helle Aberration (Pl. VII. fig. 3) sehe ich ein ♀ an, das ich am 19. April bei Kisil-Arwat in einer Schlucht der nahen Berge fing. Es ist sehr hell und die Mittelbinde ist nur unvollständig.

203. Eupithecia Scalptata Chr. (Pl. VII. fig. 4). — *Alis anticis subelongatis, brunneo-lutescentibus, vitta media diluta, intersecante fasciam latam mediam nigro-cineream; venis lineisque geminatis cingentibus fasciam, linea in medio fasciae lineaque undulata antemarginali albis, limbo nigro-maculato; posticis brunnescente et albide, ad marginem inferiorem nigro-cinereis, transverse albo-lineatis, ciliis albidis, fusco alternatis.*

Exp. al. ant. 10—11 mm.

Auch diese zierliche Art steht der *Gueneata* Mill. nahe. Sie unterscheidet sich aber sehr leicht von ihr durch die feinen weissen Linien, die die Mittelbinde einfassen und die Mitte durchziehen, so wie auch durch die weissen Rippen. Ausser mit *Gueneata* und *Subpulchrata* Alph. hat sie mit keiner anderen Art Aehnlichkeit.

Palpen mit kammartig beschupptem, hellgrauem Mittelgliede und spitzem, weisslichem, etwas abwärts gerichtetem Endgliede. Die weissgraue Stirn mit einem kurzen, kegelförmigen, dicht anliegend braun beschuppten Fortsatze. Die röthlichgelben Fühler des ♂, sehr kurz zweireihig bewimpert. Beine hellgrau an den Schienen, auf der Oberseite leicht gebräunt. Fussglieder hellbraun und weisslich geringelt. Thorax hellgrau, gelblichbraun gemischt. Hinterleib bräunlich graugelb, auf der Mitte mit weisslichem Längsstreifen; das vordere Segment zu beiden Seiten dunkelbraun. Am Ende eines jeden Segments ist, zur Mitte hin, ein schwarzes Pünktchen.

Vorderflügel gestreckt und ziemlich spitz. Sie haben als
Grundfarbe ein helles Gelbbraun, das aber durch einen breiten, nirgends abgegränzten, weissen Längswisch, der ungefähr
durch die Mitte der Flügel zieht, sehr eingeschränkt wird.
Den lichtbraunen Basaltheil durchzieht ebenfalls eine dicke,
weissliche Querlinie. Die Mittelbinde ist fast ebenso breit, wie
bei *Gueneata* var. *Separata* und von sehr dunkelgrauer Farbe,
doch wird sie in viel grösserer Breite, als bei jener Art, von
dem weissen Längswisch, dem innerhalb der Binde auch etwas
Braungelb beigemischt ist, unterbrochen. Sie ist auf beiden
Seiten von gedoppelten, feinen weissen Linien eingefasst und
wird, ihrer ganzen Länge nach, von einer einfachen, etwas
dickeren, weissen, schwarzbraun eingefassten Linie durchzogen.
Die Rippen sind bis kurz vor dem Hinterrand, oder richtiger, bis zur deutlichen, unregelmässig gezackten Wellenlinie—
weiss. Saum—schwarz, auf den Rippenenden von Weiss unterbrochen. Die Franzen aller Flügel sind weiss, mit einer
schwarzgrauen, dicken Theillinie, die auf den Rippenausgängen vom Weiss durchbrochen wird und daher aus regelmässig
abwechselnden schwärzlichen Flecken zu bestehen scheint.

Die Hinterflügel haben die Färbung der vorderen, nämlich eine Mischung von hellem Gelblichbraun und Weiss. Auf
der Innenrandshälfte und am Aussenrande setzt sich die Bindenzeichnung, sowie die Wellenlinie deutlich fort.

Auf der Unterseite herrscht ein schwärzliches Grau vor,
auf dem sich auf den Vorderflügeln die Mittelbinde, ein
oben nicht sehr bemerkbarer Mittelfleck und die weisse Wellenlinie deutlich erkennen lassen. Die Hinterflügel sind, ebenfalls
in grauer und weisslicher Zeichnung, unten viel schärfer, als
oben gezeichnet.

Ich fing diese schöne *Eupithecia* am 1. und 2. Mai bei
Askhabad am Lampenlicht. Die Geschlechter unterscheiden sich
nur durch ihre Grösse; auch ist das ♂ stets etwas dunkler

gefärbt. Auch im Araxesthal, und zwar bei Ordubad, wurde diese Art gefangen.

204. Eupithecia Demetata Chr. (Pl. VII. fig. 5). — *Alis anticis subelongatis rufescente-cinereis, postice infuscatis, lineis partim geminatis, transversalibus arcuatis undatis, vel denticulatis quatuor nigris; posticis cinereis, externe fusco-conspersis, ad marginem interiorem lineolis tribus fuscis.*

Exp. al. ant. 11 mm.

Sie kommt in Zeichnung und Färbung der *E. Venosata* F. am nächsten; letzere aber ist heller grau und die Querlinien derselben haben einen anderen Verlauf.

Palpen hellbraun, dicht beschuppt, vorn stumpf abgerundet, mit kaum aus der Beschuppung hervortretendem Endgliede. Stirn grau, mit plattanliegenden Schuppen. Das kurze, nur wenig verdickte Basalglied der Fühler ist röthlichgrau; ebenso sind die Fühler, die bis zu $^1/_4$ ihrer Länge dunkler geringelt sind. Thorax und Hinterleib sind röthlich gelbgrau. Beine — licht graugelb; die hellbraunen Tarsenglieder an den Enden lichtgrau.

Vorderflügel gestreckt und ziemlich spitz; nicht sehr hell röthlich graugelb. Die feinen, scharfen, schwarzen Querlinien gruppiren sich so, dass zwei breite Binden enstehen, die aber nicht hervortreten, weil ihre Ausfüllung dem Flügelgrunde gleich gefärbt ist. Die vordere Binde wird also durch 2, ziemlich parallel verlaufende, schwarze Linien gebildet, deren vordere, ein nicht grosses Basalfeld abschliessend, nahe dem Vorderrande eine runde Ausbiegung macht und sich dann etwas einwärts biegt. Die äussere Linie bildet zwei Zacken. Innerhalb dieser Binde sind 2 unterbrochene und wenig deutliche, schwarzbraune Parallellinien erkennbar. Die innere Begränzungslinie der 2. Binde nimmt ihren Anfang ein wenig hinter der Mitte des Vorderrandes, ist hier ziemlich dick und bildet etwas vor der unteren Rippe der Mittelzelle, am Schlusse derselben, wo ein wenig in die Augen springendes schwarzes Querstrichelchen steht, einen stumpfen Winkel nach hinten, und geht dann in ziemlich gerader Richtung, noch zwei nicht sehr weit einwärts springende Auszackungen bildend, nach dem Innenrand. Ihr nahe verläuft eine feine Parallellinie. Die hintere Einfassung ist am kräftigsten. Sie verläuft anfangs ziemlich gerade, bildet dann einen seichten Winkel nach innen, macht nun einen Bogen nach aussen, mit Zähnen und einer tiefen Zacke nach innen, um schliesslich zackenförmig den Innenrand zu erreichen. Auch sie hat eine viel schwächere Parallellinie. Das Saumfeld ist etwas dunkler; man sieht in demselben mehrere schwarze Fleckchen und einige weisse Pünktchen als Reste einer weissen Wellenlinie. Der Saum ist schwarz gestrichelt; die Franzen sind gelbgrau dunkelbraungrau gefleckt.

Die Hinterflügel sind gelbgrau, etwas lichter, als die vorderen; auf der Aussenrandhälfte und besonders am Innenrande ist die Färbung durch reichlich aufgelagerte grobe Schuppen dunkler; nur am Innenrande treten 3 schwarze Querlinien, die Fortsetzung der Binden der Vorderflügel, scharf hervor.

Unten sind die Vorderflügel rauchgrau; am Vorderrande in einiger Breite gelblich, am Saum schwärzlich, auf der Innenrandshälfte weissgrau. Von den beiden Binden sind nur die Linien der hinteren in ihrer oberen Hälfte vorhanden. Die Hinterflügel sind unten gelbgrau, mit groben braunen Schuppen ziemlich reichlich bedeckt und zeigen einen dunkelbraunen Mittelpunkt und die Binden.

Von dieser schönen Art wurde, am 24. Mai, ein ♂ auf den Vorbergen des Kopet-dagh, bei Askhabad, gefangen.

205. Eupithecia Stigmaticata Chr. (Pl. VII. fig. 6).—
Alis anticis rufescente-griseis, area basali, fasciaque lata media

*nigrolimitatis vix obscurioribus, striola cellulae mediae magna
nigra, linea obsoleta undulata antemarginali albida; posticis
lutescente-griseis, externe obscurioribus, ad marginem inferiorem
lineis fuscis fasciæ anticarum.*

Exp. al. ant. 9—12 mm.

Dieser Spanner wurde mit der vorigen Art zugleich gefangen und hat auch mit derselben einige Aehnlichkeit, so dass er im System neben ihr zu stehen kommt. Er unterscheidet sich von *E. Demetata* Chr. durch lichtere, röthlichgelbe Farbe, durch den Mangel der mittleren, bei *Demetata* die hintere Querbinde nach innen begränzende Querlinie und durch den auffallend kräftigen und langen schwarzen Strich am Schluss der Mittelzelle.

Die rauhbeschuppten Palpen mit kurzem, aus den Schuppen des Mittelgliedes nicht heraustretendem Endgliede, sind röthlichgelb. Kopf, Thorax und Hinterleib röthlich graugelb. Fühler auf kurzem, wenig verdicktem Basalgliede gelblich, oberseits braun gefleckt, beim ♂ kurz bewimpert. Schenkel und Schienen der vorderen Beine auf der Aussenseite dunkelbraun, an den anderen Beinen gelbgrau. Fussglieder braun, nach dem Ende hin allmälig in Gelbweiss übergehend.

Die Vorderflügel sind röthlich sandfarben; das nicht breite Basalfeld gränzt eine dreimal gezackte, schwarzbraune, feine Bogenlinie ab. Nicht allzuweit davon und im Allgemeinen derselben parallel ist eine mehrfach, aber nicht tief gezahnte Querlinie als innere Einfassung der breiten Mittelbinde vorhanden. In dem Raume zwischen ihr und dem Basalfelde stehen 2 undeutliche, bräunliche Querlinien. Es ist dieser also abgegränzte Raum der Flügelfläche analog der vorderen Binde der *E. Demetata*. Da aber bei *Stigmaticata* die mittlere scharfe Linie fehlt, die bei *Demetata* nach innen die Aussenbinde einfasst, so rechne ich dieses Stück, zwischen der Basalfeldbegränzung und der Linie, als Flügelgrund und die Linie als innere Begränzung der sehr breiten Mittelbinde. Diese Linie ist anfangs kräftig schwarz, wird dann vor der Mitte plötzlich schwach und ist überhaupt weniger tief gezahnt, als bei *E. Demetata*. Am Schlusse der Mittelzelle befindet sich ein sehr stark und ausgezeichnet hervortretender Quer-oder Mondstrich. Zwischen diesem und der hinteren Bindeneinfassung sind 3 feine, nach dem Innenrand convergirende lichtbraune Linien. Im Saumfelde ist eine unterbrochene, weissliche Wellenlinie nur wenig bemerkbar.

Die Hinterflügel haben, mit Ausnahme der helleren Vorderrandshälfte, dieselbe Färbung, wie die vorderen. Auf der Innenrandshälfte und, wie stets, am Kräftigsten am Innenrande, wiederholt sich in kurzen Linien die Zeichnung der Vorderflügel. Die Franzen haben die Färbung der Flügel, und sind leicht grau gefleckt. Der Saum ist zwischen den Rippenausgängen schwärzlich. Auf den Hinterflügeln ist er etwas wellig.

Die lichtere Unterseite zeigt die Linien der Oberseite, nur zum Theil viel schwächer.

206. Eupithecia Cingulata Chr. (Pl. VII. fig. 7). — *Alis luteo-griseis, anticis subacutis, fascia media angulata, fuscosignata, fuscescente-grisea impleta, in qua striola cellulae mediae nigra; posticis fascia media obsoleta, puncto cellulari, lineolis marginalibus omnium nigris, ciliis lutescente-griseis, fuscomaculatis.*

1 ♂ Exp. al. ant. 9 mm.

Der Färbung nach kommt sie der *Stigmaticata* am nächsten, ist aber durch ihre Zeichnung sehr verschieden davon. Ich kenne keine Art, mit der sie zu vergleichen wäre. Palpen hellgrau; Kopf, Thorax und Hinterleib gelblichgrau. Fühler gelblich, braun geringelt und mit äusserst kurzen Wimpern besetzt. Brust un Beine weisslich, mit braunen, am Ende weissen Fussgliedern.

Die Vorderflügel sind nicht besonders gestreckt, aber ziemlich spitz. Die Färbung ist ein helles, röthliches Gelbgrau. Durch eine wenig deutliche, schwarzbraune Bogenlinie wird ein kleines Wurzelfeld abgeschlossen, das etwas dunkler, als der übrige Grund ist. Die Mittelbinde ist nicht besonders breit und wird von zwei schwarzbraunen Querlinien gebildet, von denen die innere in der Mittelzelle einen spitzen, nach aussen gerichteten Winkel macht; etwas weiter bildet sie nochmals einen ähnlichen Winkel und verläuft dann einwärts. Die äussere Querlinie hat, entsprechend dem Winkel der inneren, einen spitzen Vorsprung nach aussen und verläuft dann, mit nochmaliger, nicht tiefer Einbuchtung, zum Innenrande. Die Binde, die sehr verschmälert ist, enthält einen ziemlich dicken, schwarzen Mittelstrich und einige unvollständige, dunkelbraune, parallele Querlinien. Am Vorderrande wechseln weissliche und lichtbraune Flecken und Streifchen ab. Vor dem Saume ist die Färbung etwas dunkler. Die Saumlinie ist schwarz, auf den Rippen von Grau unterbrochen.

Auf den Hinterflügeln ist die Mittelbinde der vorderen, eine stumpfe Ecke bildend, nur sehr verloschen vorhanden; der an der inneren Einfassung anliegende schwärzliche Mittelpunkt ist dagegen deutlich.

Die Franzen aller Flügel haben die Färbung des Flügelgrundes, unterbrochen durch dunklere Theilungslinien.

Die Unterseite ist licht-gelblichgrau, mit schwach durchscheinender Binde und Mittelpunkten.

Das einzige ♂ wurde, am 12. Mai, bei Askhabad an der Lampe gefangen.

207. Cledeobia Moldavica Esp. — Im Juni bei Nuchur; ziemlich selten.

208. Cledeobia Bombycalis Schiff. — Bei Askhabad, in einzelnen Exemplaren; von April bis Ende Mai.

var. **Provincialis** Dup. — Sie fliegt in Askhabad zu gleicher Zeit mit der Stammart und ist viel haüfiger; ich traf
sie überall am Fusse des Gebirges und auch bei Nuchur.

209. Cledeobia Infumatalis Ersch. — Ich fand in der
Steppe, unweit der Kosakenstation Durun, auf der Unterseite
eines Steines 3 Exemplare dieser Art. Von der bei Erschoff
beschriebenen und abgebildeten *Cl. Infumatalis* weichen diese
Stücke durch geringere Grösse und dunklere, nicht ins Rost-
farbene übergehende Färbung ab.

210. Hypotia Massilialis Dup. — Ein grosses ♂ von
Askhabad ist nur durch etwas lichtere Färbung von meinen
südrussischen Exemplaren verschieden.

211. Hypotia Speciosalis Chr. (Pl. VII. fig. 8).—*Palpis
subdependentibus longius piloso-squamatis cinereis, articulo basali incrassato antennarum bipectinatarum. Alis anticis elongatis subrotundatis, fuscescente-brunneis, strigis transversalibus,
antica prope basin obliqua, externe bidentata; postica arcuoso-
sinuata, acute dentata, infra nigro-cincta, maculisque tribus
albis, puncto medio incrassato nigro, ciliis albis, lineis transversalibus duabus fuscis; posticis griseis, albide variis, linea
denticulata fuscescente.*

Exp. al. ant. 14 mm.

Diese schöne Art steht, was Färbung und Zeichnung anbetrifft, der *H. Colchicalis* HS. am nächsten.

Die Palpen, die schräg abwärts gerichtet, sind fast von
gleicher Länge, wie bei *Massilialis*, jedoch dicker und lockerer beschuppt. Sie sind gelblichweiss, auf der Seite leicht
gebräunt und mit schwarzen Schuppen bestreut; die First ist
schwarz. Die Stirn erscheint eingedrückt, da die grossen Augen
etwas hervortreten. Das mit weisslichen, abstehenden Haarschuppen bedeckte Wurzelglied der Fühler ist knopfartig ver-

dickt. Die Geissel ist braun und nur auf der Oberseite weiss. Die weisse Beschuppung tritt zahnförmig hervor; die feinbewimperten, licht graubraunen, zweireihigen Kammzähne stehen beinahe rechtwinkelig ab und sind kürzer, als bei *Colchicalis*. Die kräftigen Beine sind anliegend beschuppt.

Die Vorderflügel haben eine ähnliche Gestalt, wie bei *Colchicalis*; sie sind jedoch an der Wurzel breiter und der Hinterrand ist stärker ausgebuchtet und weniger nach dem Innenwinkel eingezogen.—Der Flügelgrund ist hellbraun, reiner als bei *Massilialis* und *Colchicalis*, da keine schwarzen Schuppen eingestreut sind. Im Allgemeinen ist der Verlauf der beiden Querbinden ähnlich, wie bei *Colchicalis*. Die vordere geht schräg auswärts vom Vorderrand zum Innenrand. — Diese Binde besteht eigentlich aus zwei dicken, unregelmässig viereckigen, zusammenhängenden Flecken und bildet auf beiden Seiten zwei vorspringende Zacken. — Die hintere Querbinde beginnt am Vorderrande, unmittelbar vor der Spitze, biegt anfangs einwärts, bildet, in einem Bogen nach aussen, drei spitze Zähne und biegt dann, auf halber Flügelbreite, einwärts. Hier bildet sie eine fast viereckige Bucht, tritt dann mit einem scharfen Zahne hervor und verläuft mit noch einem nach innen gerichteten Zacken zum Innenrande. Die beiden Binden sind rein weiss, zum Mittelraume hin schmal schwarz begränzt und zwar die hintere schärfer, als die vordere.—In dem Mittelraume befinden sich zwei weisse Flecken, von denen der eine, obere, liegend oval, das hintere Ende der Mittelzelle ausfüllt, schwarz umsäumt ist und an der hinteren Seite von einem dicken schwarzen Mittelpunkte begränzt wird. — Der zweite, untere Fleck liegt schräg einwärts, ist dreieckig und ist zur Flügelwurzel hin schwarzbraun eingefasst. Ausser diesen beiden Flecken ist der Vorderrand und die Rippen mehr oder weniger weiss. Vor dem schwarzbraunen Saum ist längs desselben eine weisse Linie. Die breiten Franzen sind am Grunde weiss, mit braunen Schuppen gemischt und werden von einer schwarzen Theilungslinie begränzt; ausserhalb derselben sind sie rein weiss, werden jedoch am Ende von 2 oft unterbrochenen schwärzlichen Linien begränzt. Auf den Rippen treten sehr feine weisse Strahlen in die braune Färbung.

Die Hinterflügel sind weisslich, mit einer gezackten, geschwungenen, zweimal einwärts gebogenen grauen Binde hinter der Mitte, die zur Flügelwurzel hin allmählich heller wird. Vor dem am Vorderrande weisslichen, dann gelblichen, schwarz begränzten Saume ist ein grauer Schattenstreif vorhanden. Die Franzen sind weiss.

Unten sind die Vorderflügel aschgrau. Die hinteren sind weisslich mit aschgrauem Vorderrande und ebensolcher verloschener Mittelbinde.

Ich fing das einzige Männchen an einem der letzten Maitage, in der nächsten Umgebung von Askhabad, auf einer mit verschiedenen Salzpflanzen bewachsenen Steppe.

212. Aglossa Pinguinalis var. **Asiatica** Ersch. — Einige grosse, sehr stark gezeichnete Exemplare fing ich am 11. Juni bei Nuchur in meinem Zelte.

213. Asopia Costalis F. — Zwei ♂ ♂, die ich bei Askhabad fing, zeigen, wie so vielfach auch die Exemplare aus Transkaukasien, eine sehr hellrothe Färbung.

214. Asopia Farinalis L. — Askhabad.

215. Asopia Obatralis Chr. (Pl. VII. fig. 9). — Die Abbildung in den *Horae Soc. Ent. Ross. T. XII. Taf. VII. fig. 36* ist so ungenügend, dass es nicht überflüssig erscheint, diese Art hier noch einmal im Bilde vorzuführen. — Diese Species ist bisher nur bei Krasnowodsk und zwar auf der sandigen Landzunge, bei Lampenlicht gefangen worden; sie fliegt in den ersten Tagen des Juli.

216. Aporodes Floralis Hb.—Ziemlich häufig bei Askhabad im April; die Exemplare sind sehr hell gefärbt und stark gezeichnet.

217. Noctuelia Superba Frr. — Auf den fast vegetationslosen Flächen bei Nuchur nicht selten. Die Stücke gleichen vollständig denen aus Nord-Persien, während die kleinasiatischen und die aus dem armenischen Hochlande ein viel schöneres Rothgelb haben.

218. Ephelis Cruentalis Hb.—Bei Nuchur; aber nicht häufig.

219. Odontia Dentalis Schiff. — Askhabad und Nuchur; die Exemplare sind klein.

220. Emprepes Pentodontalis Ersch. — Diese Art flog in unsäglicher Menge in der Steppe bei Askhabad; den ganzen Mai hindurch.

221. Anthophilodes Moeschleri Chr. — War überall häufig, wo die Futterpflanze der Raupe, *Alhagi Camelorum* wuchs; so bei Askhabad, Durun und Krasnowodsk. Der von Ende Mai bis Mitte Juni fliegende Schmetterling setzt sich stets nur an die erwähnte Pflanze.

222. Anthophilodes Baphialis Ld.—Diese, der vorigen sehr ähnliche Art kam bei Askhabad nicht besonders selten, wenn auch nicht so häufig, wie *Mœschleri* vor. Zugleich mit ihr flog auch die von mir *Horae Soc. Ent. Ross. T. XII. pag. 270* beschriebene *Plumbiferalis*, die doch wohl nur eine Aberration von *Baphialis* ist, bei der die innere dunkle Bindeneinfassung fehlt. Ich ziehe also *Plumbiferalis* als Varietät oder Aberration zu *Baphialis*.

223. Anthophilodes Erubescens Chr.—Sie flog in der zweiten Hälfte Mai bei Askhabad an Plätzen, wo *Alhagi* wuchs, war jedoch sehr selten.

224. Anthophilodes Turcomanica Chr. (Pl. VII. fig. 10).—Ich fing diese hübsche Art in der Nähe von Askhabad an der Lampe und zwar an einer Stelle, wo vorwiegend *Alhagi* wuchs; sie ist ziemlich selten. — Eine nochmalige Abbildung dieser Art schien wünschenswerth.

225. Anthophilodes Conchylialis Chr.—Von dieser seltenen, bisher nur bei Sarepta gefundenen Art fing ich am 16. Mai, in der Umgegend von Askhabad, 2 ♂ ♂ an der Lampe.

226. Tegostoma Comparalis Hb.—Häufig bei Askhabad.

227. Aeschremon Disparalis HS. — Askhabad; nicht häufig.

228. Botys Purpuralis L. — Vereinzelt in den Gärten von Askhabad.

229. Botys Sanguinalis L. – Einzeln bei Askhabad.

230. Botys Cespitalis Schiff. — Nicht selten bei Askhabad.

231. Botys Aurithoracalis Chr. (Pl. VII. fig. 11). — *Palpis longioribus subrectis. Omnino nigrofusca, excepto thorace et basi marginis costalis alarum anticarum aurantiacis.*

Exp. al. ant. 8 mm.

Ich fing von dieser einfarbigen Pyralide nur 2 ♂ ♂; nur eins derselben ist rein erhalten. Auf den ersten Blick erinnert sie sehr an *Orobena Aenealis* Schiff. Sie gehört aber, schon wegen der recht langen, ziemlich gerade vorgestreckten Palpen, zu *Botys* und in die Nachbarschaft von *Sanguinalis* L.—Die langen Palpen sind dicht und etwas rauh beschuppt;

das ziemlich lange Endglied ist nur wenig abwärts geneigt. Die Nebenpalpen sind kräftig entwickelt. Rollzunge—ziemlich lang. Fühler sehr kurz bewimpert. Die Schenkel sind mit groben, schwarz-braunen, metallisch schimmernden Schuppen dick bekleidet; sonst sind die Beine mit anliegenden Schuppen bedeckt.

Flügel ziemlich breit; die vorderen ziemlich zugespitzt.—Nur der Thorax und die Wurzel des Vorderrandes ist lebhaft goldgelb, sonst ist der ganze Schmetterling schwarzbraun, mit grünlichem Glanze auf den Vorderflügeln und dem Hinterleib. Die Franzen sind aussen grün mit bleifarbigem Glanze.

Ich fing den Schmetterling am 1. Mai, am Eingang einer Schlucht des Gebirges, das sich unweit von Askhabad erhebt.

232.. Botys Polygonalis var. **Meridionalis** Hb. — Im Mai bei Askhabad; nicht häufig.

233. Botys Trinalis var. **Pontica** Stgr. (Pl. VII. fig. 12).—Vom 12.—29. Juni fing ich diese Varietät öfters bei Nuchur in kräuterreichen Schluchten und Einsenkungen.

234. Botys Rupicapralis Ld. — Diese Art war Ende Mai nicht selten bei Askhabad; sie sass fast ausnahmslos auf *Capparis*-Stauden.

235. Botys Accolalis Z. ?—Nur wenig Stücke, die ich im Juni bei Nuchur, und zwar an der Lampe, fing, können wohl nur diese Art sein, da die Beschreibung Zellers genau dazu passt.

236. Botys Languidalis Ev.--Ein abgeflogenes ♂ von Nuchur.

237. Eurycreon Nudalis Hb. — Im Mai bei Askhabad nicht selten.

238. Eurycreon Scalaralis Chr. (Pl. VII. fig. 13). — Diese schöne Pyralide wurde zwar bisher nur bei Krasnowodsk gefangen, kommt aber wohl ohne Zweifel auch im Tekke-Gebiete vor.—Eine nochmalige Abbildung schien nicht überflüssig (Vergl. *Hor. Soc. Ent. Ross. T. XII. fig. 46*).

239. Eurycreon Palealis Schiff.—Vereinzelte Exemplare am Fusse des Gebirges bei Askhabad.

240. Eurycreon Verticalis L.—General Komaroff sandte einige Exemplare aus Askhabad ein.

241. Nomophila Noctuella Schiff.—Ueberall sehr gemein im Tekke-Gebiete.

242. Psamotis Pulveralis Hb — Ziemlich grosse und helle Stücke von Nuchur.

243. Orobena Frumentalis L.—Die wenigen bei Askhabad gefangenen Stücke sind etwas weniger scharf gezeichnet, als gewöhnlich.

244. Orobena Grummi Chr. (Pl. VII. fig. 14). — *Alis anticis fusco-brunneis, fasciis angustis ambabus distinctis obliquis intus convergentibus. Striola venae transversalis, strigi antelimbali venisque et cellulae mediae albis, limbo fusco; posticis albidis exterius leviter infuscatis. Ciliis omnium albis, postice brunneis.*

Exp. al. aut. 13 mm.

Ihrer Zeichnung nach muss diese Art neben *Serratalis* Stgr. stehen, von welcher sie durch helleres Braun und durch breitere weisse, nach dem Innenrande hin sich verengende Querbinden leicht zu unterscheiden ist.

Das Mittelglied der Palpen mit nach unten abstehenden Schuppen, von brauner, oberseits weisser Farbe; das Endglied braun und dick beschuppt, tritt wenig aus der Beschuppung des Mittelgliedes hervor. Nebenpalpen entwickelt. Stirn mit einer keulenartigen Auftreibung. Scheitel mit anliegender weisslicher Beschuppung, in der Mitte mit einem braunen Längsstreifen. Das Basalglied der sehr kurz bewimperten Fühler ist sehr kurz und nur wenig dicker, als die übrigen Fühlerglieder.

Unterseite und Beine weisslich. Thorax braun und weiss gemischt, die Schulterdecken braun mit breiter weisser Umrandung. Hinterleib gelblich weissgrau.

Die beiden weissen Querbinden der braunen Vorderflügel convergiren nach dem Innenrand. Beide sind ziemlich schmal, aber breiter, als bei *Serratalis*; auch sind sie, besonders auf der Aussenseite (schwarzbraun), deutlich von der Flügelfarbe abgegränzt. Die vordere beginnt am Vorderrande, etwas vor dessen Mitte und geht, sanft nach aussen gekrümmt, schräg nach dem Innenrande, ohne, wie bei *Serratalis*, einen spitzen Zahn zu bilden. Die äussere nimmt ihren Anfang wenig vor der Spitze, ist bis zur Mitte schwach nach hinten, von da an, ebenfalls nicht tief, nach innen gebogen. Eine weisse Linie vor dem Saume wird auf der Aussenseite von einer Reihe meist zusammenhängender Fleckchen begränzt; zwischen diesen und dem schwärzlichen Saume ist die Färbung bräunlichgelb. — Die untere Hälfte der Franzen ist weiss, die äussere gelblich und von zwei dunklen Linien eingefasst, die an den Rippenenden von weissen Strahlen unterbrochen werden.

Die Hinterflügel sind weisslich, grau gewässert und am Saume etwas verdunkelt. Hinter der Mitte ist eine rudimentäre, dunkelgraue, sehr verloschene Binde. Die weissen, an der Wurzel gelblichen Franzen sind von zwei schwärzlichen Theillinien durchzogen, von denen die vordere die deutlichste ist.

Die Unterseite ist ähnlich, wie bei *Serratalis*, aber nicht gelblich, sondern reiner weisslich.

Ich fing das einzige ♂ am 16. Mai bei Nuchur an der Lampe.

245. Orobena Desertalis Hb.—Von diesem wohl überall seltenen Zünsler fing ich 1 ♂ am 25. April bei Askhabad auf kahler Steppe.

246. Calamochrous Acutellus Ev.—Im April und Mai fing ich einzelne Exemplare an der Lampe bei Askhabad.

247. Snellenia Monialis Ersch. — Für diese, von Erschoff zu *Botys* gezählte Art errichtete Dr. Staudinger mit gutem Rechte eine neue Gattung. Der Schmetterling war bei Askhabad nicht selten. Er scheint beinahe überall vorzukommen, wo *Capparis spinosa* wächst, in deren reifenden Früchten die Raupe dieser Art leben dürfte. Seine Flugzeit dauert von Ende April bis Ende Juli.

248. Metasia ochrofascialis Chr. — Bei Askhabad und Nuchur sehr vereinzelt; im Mai und Juni. — Diese Art hat eine entwickelte Rollzunge und müsste daher für sie eine besondere Gattung errichtet werden.

249. Stenia punctalis Schiff. — Bei Askhabad und Nuchur nicht selten.

250. Schoenobius Alpherakii Stgr.—Das einzige Männchen wurde von General Komaroff bei Askhabad gefangen.

251. Chilo Concolorellus Chr. (Pl. VIII. fig. 15 a, b).— *Alis anticis latis, apice rectangulo, lutescente-griseis, atomis paucis inter venas, puncto disci punctisque limbalibus fuscis; posterioribus albis unicoloribus.*

Exp. al ant. ♂-is 13 mm.
♀-æ 17 mm.

Neben *Unicolorellus* Z., deren Beschreibung (*Zeller, Chilon. et Cramb. gen. et spec., pag. 7)* theilweise auf diese Art passt, und die mir aus eigener Anschauung nicht bekannt ist.

Die Flügelgestalt ist der von *Cicatricellus* Hb. ähnlich; die Vorderflügel sind breit, die Spitze rechtwinkelig, der Hinterrand fast gerade. — Der Vorderrand ist bei *Unicolorellus* von der Mitte an heller; bei *Concolorellus* ist nur die äusserste Kante des Vorderrandes seiner ganzen Länge nach weisslich, doch so wenig, dass es nur durch die Lupe wahrnehmbar ist. Zeller erwähnt auch nicht die zwischen den Rippen nicht reichlich gelagerten schwarzbraunen Schuppen.

Die langen, gerade vorgestreckten Palpen sind graugelb und durch beigemengte schwarzbraune Schuppen verdunkelt. Die Maxillarpalpen sind etwas nach der Seite gerichtet und, so wie Kopf und Thorax, gelbgrau. Das Basalglied der borstenförmigen Fühler ist nur wenig verdickt. Letztere sind gelblich, fein weiss geringelt, mit feiner Pubescenz (bei den Männchen). Der Hinterleib ist weisslichgraugelb, beim ♂ mit einem kurzen weisslichen Afterbüschel. — Die Beine sind gelblichweiss, die Tarsalglieder leicht gebräunt.

Die Vorderflügel sind röthlich oder gelblich grau; letztere Färbung hat das Männchen, bei dem auch im Discus etwas reichlichere schwarzbraune Schuppen vorhanden, als beim Weibchen. Der schwarzbraune Mittelfleck, am Ausgange der Mittelzelle, ist nicht sehr deutlich. Nicht allzu weit vom Saume hat das ♂ eine Reihe verloschener, zwischen den Rippen befindlicher Fleckchen, die beim ♀ fehlen. Die Saumpunkte am Ende der Rippen sind deutlich; die gelblichweissen Franzen haben starken seidenartigen Glanz und eine gelbgraue Schattenlinie.

Die Hinterflügel sind weiss, leicht grau gewässert, mit dunklerer Saumlinie und den Flügeln gleich gefärbten Franzen.

Die Unterseite ist weisslich seidenglänzend.

Ich fing ein wohlerhaltenes Pärchen am 21. Mai in Askhabad an der Lampe. Ein ♀ dieser Art befindet sich in der Sammlung S. K. H. des Grossfürsten; es wurde von Herrn v. Hedemann bei Baranowka am Amur gefangen.

252. Chilo Terrestrellus Chr. (Pl. VIII. fig. 2).—*Alis anticis latis, apice rectangulo, pulveroso-fusco-griseis, punctis limbalibus nigris, costa angustissima lutescente-grisea, ciliis latis fuscescentibus, basi albidis; posterioribus fuscescentibus.*

Exp. al. ant. 12 mm.

Auch diese, nur in einem ♂ vorhandene Art gehört in die Nachbarschaft von *Phragmitellus* und *Concolorellus*, unterscheidet sich aber von diesen und allen andern leicht durch die zeichnungslosen, wie mit dunklem Staube bestreuten Vorderflügel und die sehr breiten Franzen derselben.

Die Lippentaster übertreffen an Länge den Thorax und sind braungrau. Nebenpalpen ziemlich klein, schräg aufgerichtet, weisslich behaart. Fühler borstenförmig, fein bewimpert, Beine rothgrau. Thorax und Hinterleib dunkel graubraun; letzterer mit einem nicht langen, gleichgefärbten dünnen Haarbüschel am After.

Vorderflügel breit; der Hinterrand aber etwas mehr, als bei *Concolorellus*, nach dem Innenwinkel eingezogen. Die Färbung derselben ist röthlichgrau, verdunkelt durch dicht aufgelagerte dunkle Schuppen, was der Fläche ein staubartiges Aussehen verleiht.

Der Vorderrand ist sehr schmal, hell gelbgrau. Von einer Zeichnung, sogar von dem sonst nie fehlenden Mittelpunkte ist hier keine Spur; nur am Saume sind in den Falten, zwischen den Rippen, kleine schwarzbraune Punkte.

Die Franzen beider Flügel sind breit, am Grunde weisslich; sie haben aber zwei graubraune Theilungslinien, die mehr oder weniger die helle Färbung verdrängen.

Die Hinterflügel sind einfarbig schwärzlich graubraun, vor dem Saume etwas lichter. Die Saumlinie ist schwärzlich.

Unten sind die Flügel dunkel rauchgrau, auf den Aussentheilen und besonders auf den Rippen weisslicher.

Der Schmetterling wurde am 21. Juni bei Askhabad an der Lampe gefangen.

253. Crambus Craterellus var. **Cassentiniellus** Z.— Ein ♀ von Nuchur; bei demselben ist die vordere Querlinie sehr schwach; die hintere ist nur als ein verloschener, bräunlicher Schattenstreif vorhanden.

254. Crambus Perlellus Sc.—Bei Nuchur, nicht häufig.

255. Prionopteryx (Eromene) Subscissa Chr. (Pl. VIII. fig. 3).—Zu *Eromene*, wohin ich diesen Schmetterling einstweilen stellte *(Horae Soc. Ent. Ross. T. XII. pag. 97)*, gehört er auf keinen Fall; viel besser passt er in die Stephen'sche Gattung *Prionopteryx*, da er am Hinterrande eine Einbiegung hat, auch sonst die Gattungsmerkmale und im Allgemeinen auch die Flügelzeichnung der hiehergehörenden Arten zeigt. Leider kenne ich die Gattung *Prionopteryx* nur nach der Beschreibung und wage daher nicht zu entscheiden, ob *Subscissa* derselben definitiv zuzuzählen ist.

Ich fing ein ziemlich abgeflogenes ♂ bei Krasnowodsk, wo ich auch s. Z. die Art endeckt habe.

Die Abbildung *(l. c. tab. VII. fig. 48)* ist sehr ungenügend und erscheint daher noch einmal.

256. Eromene Ramburiella var. **Jaxartella** Ersch.— Sie wurde von General Komaroff aus Askhabad zugesandt.

257. Eromene Superbella Z.—Ein ♂ wurde bei Nuchur gefangen.

258. Eromene Ocellea Hw. — Einzeln bei Askhabad, im Mai.

259. Dioryctria [1]) **Gregella** Ev.—Sie kam, wenn auch

---

[1]) Von Phycideen sind manche neue Arten gefunden worden. Da aber diese Familie von Ragonot augenblicklich monographisch bearbeitet wird, so halte ich es für angezeigt, vorläufig keine neuen Arten aufzustellen.

nicht häufig, in der Steppe, zwischen Gök-Tapa und Askhabad, vor; Die Exemplare haben alle einen etwas lichteren Flügelgrund, als die aus dem südlichen Russland und Transkaukasien; im Uebrigen stimmen sie mit den letzteren vollständig überein.

260. Nephopteryx Dahliella Tr.—Ein lebhaft gefärbtes ♀ wurde von General Komaroff aus Askhabad zugesandt.

261. Pempelia Semirubella Sc.—Askhabad.

262. Pempelia Albariella Z. — Einmal bei Askhabad am 17. Mai gefangen.

263. Pempelia Nucleolella Möschl.—Das einzige ♂ wurde von General Komaroff in Askhabad gefangen.

264. Pempelia Praetextella Chr. — Ich fing diesen Schmetterling bisher nur bei Krasnowodsk, wo er an *Alhagi Camelorum* ziemlich häufig, aber schon in den ersten Julitagen meist abgeflogen war.

265. Eucarphia Lixiviella Ersch.—Die Abbildung bei Erschoff *(l. c. pag. 86, Tab. V. fig. 90)* ist ungenau und viel zu rothgelb, während die Beschreibung die Art sehr gut kenntlich macht. 2 ♂ ♂ wurden durch General Komaroff aus Askhabad zugesandt.

266. Epischnia Prodromella Hb.—Die Exemplare von Askhabad sind nicht verschieden von denen aus Süd-Russland und dem Kaukasus.

267. Epischnia Adultella Z.—Wurde im Juni bei Nuchur an der Lampe gefangen.

268. Epischnia Staminella Chr. (Pl. VIII. fig. 4). — Wurde von General Komaroff aus Askhabad zugesandt. Eine nochmalige bildliche Darstellung dieser Art schien erwünscht, da dieselbe in den *Horae Soc. Ent. Ross. T. XII. pl. VIII. fig. 52* zu ungenügend ist.

269. Epischnia Sareptella HS.—Wurde gleichfalls von General Komaroff in Askhabad gefangen.

270. Myelois Deserticola Stgr.—Sie war bei Askhabad ziemlich häufig und kam Abends zur Lampe geflogen. Ich möchte *Deserticola* nur für eine sehr blasse Varietät von *Delicatella* Mœschl. halten; manche Exemplare zeigen deutlich die Uebergänge.

271. Myelois Rhodochrella var. **Hellenica** Stgr.—Ein unzweifelhaft zu dieser Varietät gehörendes ♀ wurde von General Komaroff bei Askhabad gefangen.

272. Myelois Xylinella Stgr.—Ziemlich selten bei Askhabad; von Mitte April bis in die letzten Tage des Mai.

273. Myelois Cribrum Schiff.— Bei Askhabad war sie am Fusse des Gebirges nicht selten; auch bei Nuchur.

274. Myelois Terstrigella Chr. (Pl. VIII. fig. 5). — Ein ♂ wurde von General Komaroff aus Askhabad geschickt. Die Abbildung dieser Art in den *Horae Soc. Ent. Ross. T. XII. pl. VIII. fig. 55* schien nicht genügend.

275. Myelois Staudingeri Chr. — Diese Art kam im Mai am Fusse des Gebirges bei Askhabad in Mehrzahl vor. Die Exemplare sind etwas kleiner, als die persischen und gleichen darin denen aus Ordubad in Transkaukasien.

276. Nyctegretis Achatinella Hb. — Diese Art ist im Mai bei Askhabad ziemlich häufig.

277. Alispa Acervella Ersch.—Ein Männchen von General Komaroff aus Askhabad.

278. Euzophera Oblitella Z.—General Komaroff sandte aus Askhabad ziemlich kleine und dunkle Stücke dieser Art.

279. Homoeosoma Sinuella F. — Im April und Anfang Mai bei Askhabad; die Stücke sind sehr schwach gefleckt.

280. Anerastia Lotella Hb.—Nicht selten im Mai bei Askhabad.

281. Anerastia Ablutella Z. — Je ein Exemplar aus Askhabad und Nuchur.

282. Melissoblaptes Bipunctanus Z.—Ein bei Askhabad sehr gewöhnlicher Schmetterling, der dort, wie überall, in den verschiedensten Färbungen und in wechselnder Grösse vorkommt.

283. Melissoblaptes Anellus Schiff. — Diese Art ist weit seltener, als die vorige; ich fing sie nur einige Male im Juni bei Nuchur.

284. Tortrix Chondrillana HS.—Ein den 25. Mai in Askhabad an einer Laterne gefangenes, etwas abgeflogenes Stück gehört sicher zu dieser Art.

285. Sciaphila Wahlbomiana L. var. **Communana** HS.—Bei Askhabad, im Mai.

286. Sciaphila Abrasana Dup. — Ein ♂, am 16. Juni, bei Nuchur gefangen.

287. Sciaphila Stratana Z. var. **Orientana** Alph. — Diese von S. Alpheraky in den *Trudy Soc. Ent. Ross. T. X. pag. 48*, beschriebene Tortricide war am Fusse des Gebirges bei Askhabad nicht selten. Die Exemplare variiren sowohl in Bezug auf Grösse, als auch Zeichnung.

288. Oxypteron Impar Stgr. (Pl VIII. fig 6 a, b). — Ich fand die Raupe ziemlich häufig in den Blüthen einer *Tu-*

lipa, die auf den ersten Anhöhen bei Kisil-Arwat wuchs. Leider gingen die Raupen wegen Mangels an Futter auf der Weiterfahrt zu Grunde.

289. Conchylis Margaritana Hb. — Das einzige bei Nuchur gefangene ♂ weicht in der Zeichnung von den gewöhnlichen Exemplaren etwas ab. Der äusserste Silberfleck, der sonst mit dem mittleren in seiner ganzen Breite zusammenhängt, ist mit diesem nur durch eine dicke Silberlinie verbunden; er ist dagegen am Saume bis ziemlich an den Innenwinkel verlängert und hat eine fast dreieckige Form. Statt der Silberpunkte, die sonst im dazwischenliegenden braunen Grunde sich befinden, ist dieser durch eine feine verticale Silberlinie getrennt. Auch sind die Hinterflügel sehr dunkel schwärzlichbraun, ähnlich, wie bei einem ♂ aus Transkaukasien.

290. Conchylis Zelleri Chr. (Pl. VIII. fig. 7). — Diese Art wurde bei Krasnowodsk gefangen und dürfte wohl auch im Tekke-Gebiete vorkommen. Wir benutzen die Gelegenheit, ein gelungeneres Bild dieser zierlichen Art zu geben, als solches die *Horae S. E. R. tab. VIII. fig. 63* bieten.

291. Conchylis Hamana L. — Ein recht satt gelb gefärbtes ♀ aus Askhabad.

292. Conchylis Straminea Hw. — Ziemlich kleine Exemplare von Askhabad, wo im Mai der Schmetterling nicht selten war.

293. Conchylis Hartmanniana Cl. — Ein auf den Vorderflügeln sehr schwach und unvollständig gezeichnetes ♂ von Nuchur.

294. Conchylis Contractana Z. — Ein ♂ aus Askhabad.

295. Conchylis Posterana Z. — Von den *Conchylis*-Arten kam diese im Tekke-Gebiete am häufigsten vor; die meisten Stücke sind gross und ziemlich hell gefärbt.

296. Grapholitha Incarnatana Hb. — Bei Nuchur fing ich einige abgeflogene, doch gut erkennbare Stücke.

297. Grapholitha Rosaecolana Ddld. — Von General Komaroff aus Askhabad.

298. Grapholitha Cynosbana F. — Nur einmal bei Nuchur gefangen.

299. Grapholitha Citrana Hb. — In der Steppe bei Askhabad und Nuchur nich selten; fliegt im Mai und Juni.

300. Grapholitha Conterminana IIS. — Ein etwas abgeflogenes Stück fing ich am 6. Mai bei Askhabad an der Lampe.

301. Grapholitha Aspidiscana IIS. var. au nov. spec.? — Mehrere im Mai bei Askhabad gefangene Exemplare übertreffen die europäischen au Grösse; auch fehlen im vorderen Flügelraum die dunklen Längsstriche.

302. Rhyacionia Hastiana Hb. — Ich fing am 15. Juni zwei Stück bei Nuchur.

303. Atychia Appendiculata Esp. — Einzeln bei Nuchur; im Juni.

304. Atychia Rasa Chr. (*Horae Soc. Ent. Ross. T. X, pag. 49, tab. I fig. 9; T. XII. pag. 226*). — Bis jetzt ist nur das Männchen gefunden. worden. Die Art flog an grasigen Stellen im Gebirge bei Nuchur; im Juni.

305. Tinea Fuscipunctella Hw. — Askhabad.

306. Plutella Annulatella Curt. — Ein Weibchen von Nuchur.

307. Cerostoma Satellitella Stgr. — Zugleich mit der nächsten Art, doch seltener. Die Stücke sind mit denen aus Sarepta vollkommen übereinstimmend.

308. Cerostoma Trichonella Mn. — Sie war nicht besonders selten bei Nuchur, wo sie nebst mehreren anderen Arten dieser Gattung stets in den dichten Büschen einer *Ephedra* versteckt war und nur nach sehr kräftigem Klopfen ihren Aufenthaltsort verliess.

309. Cerostoma Albiramella Mn. — Ein grosses Weibchen aus Askhabad und zwar am Fusse des Gebirges, in einem trockenen Bachbette, wo u. A. auch *Ephedra* wuchs.

310. Cerostoma Ephedrella Chr. — Ziemlich häufig bei Nuchur an *Ephedra*.

311. Cerostoma Seniculella Chr. — Nuchur, aber seltener.

312. Cerostoma Parenthesella L. — Ein grosses, sehr hell gefärbtes ♂ von Nuchur hat licht gelbgraue Hinterflügel und unterscheidet sich dadurch von meinen sämmtlichen europäischen Stücken.

313. Psecadia Vittalbella Chr. — Sie kam bei Askhabad, auf den nahen Sand- und Mergelhügeln, häufig zur Lampe geflogen; am Tage fand ich sie mehrmals an dürren Pflanzenstengeln sitzend. Flugzeit — Anfang Mai.

314. Depressaria Ultimella Stt. — Das Vorkommen dieser, bisher nur aus dem westlichen Europa bekannten Art im Tekke-Gebiete ist auffallend. Ich fing nur zwei Stücke: das eine bei Kisil-Arwat am 15. April, im Zimmer, das andere am 25. Mai in Askhabad. Beide Exemplare stimmen aufs genauste mit den deutschen meiner Sammlung.

315. Gelechia Distinctella Z. — Häufig im Juli bei Nuchur.

316. Gelechia Plutelliformis Stgr. — Bei Askhabad und Nuchur klopfte ich diese Art von einer *Tamarix*, auf der die Raupe lebt.

317. Lita Atriplicella F. R.—Ziemlich häufig bei Askhabad und Nuchur, im Mai und Juni. Sämmtliche Exemplare sind etwas kräftiger gezeichnet, als die, welche ich aus Deutschland besitze; doch auch die Stücke aus Sarepta zeigen öfters diese Abweichung.

318. Teleia Tigrina Chr. (Pl. VIII. fig. 8).—Von dieser, im Juni auf der sandigen Landzunge bei Krasnowodsk, bei aufgehender Sonne um Chenopodeen fliegenden Art erscheint eine nochmalige Abbildung, da dieselbe in den *Horae S. E. R. T. XII, Taf. VIII, fig. 68* die Art kaum erkennen lässt.

319. Parasia Albiramosella Chr. (Pl. VIII. fig. 9 a, b).— *Palporum squamosorum articulo secundo longo, subcurvato, terminali ochraceo, apice albido, antennis setaceis lutescentibus, brunneo-annulatis. Alis anticis ochraceis, strigis obliquis latis indeterminatis, cinamomeis, venis albis; posticis infuscatis.*

Exp. al. ant. ♂-is 9 mm.; ♀-æ 12 mm.

Eine recht ansehnliche Art, aus der Nachbarschaft von *Neuropterella*. Sie ist leicht von allen andern Arten durch die weissen Rippen zu unterscheiden.

Die, wie bei den anderen Arten, sichelförmig gekrümmten Palpen haben ein ziemlich langes, mit anliegenden, ochergelben, nach vorn rothbraunen Haarschuppen bekleidetes Mittel- und Endglied. Bei ersterem bilden die Schuppen nach aussen eine ziemlich scharfe Kante. Die aus der gelbbraunen Schuppenbekleidung wenig hervortretende Spitze ist weisslich.

Fühler borstenförmig, hell ochergelb, braun geringelt. Stirn hochgewölbt, ocherfarben. Thorax hell ochergelb. Vom Hinterkopfe beginnend, zieht sich eine feine braunrothe Mittellinie über den Thorax; auch die Schulterdecken sind rothbraun. Hinterleib gelblich, weissgrau, seidenartig glänzend, beim ♀ mit einem kurzen ocherfarbenen Afterbusche. Beim ♀ ragt die Legröhre etwas hervor.

Beine gelbbraun an den Schenkeln, von da ab hell ocherfarben, oberseits mit ziemlich langer, wenig abstehender Behaarung; an den Hinterschienen 2 Paar nicht besonders lange Dornen.

Der Grund der Vorderflügel ist ein helles Ochergelb, das aber von Roth- oder Zimmtbraun zum grösseren Theile verdrängt wird. Die rothbraune Färbung, die an der Spitze merklich dunkler, ist so vertheilt, dass dadurch die bei der Gattung *Parasia* ziemlich allgemeine Zeichnung entsteht, d. i., dass nicht allzufern von der Wurzel ein vom Vorderrand nach dem Innenrand schräg auswärts gerichteter, unbestimmter, bindenartiger Streif sich hinzieht. Weiter hin folgt ein zweiter, dem ersten paralleler Streif, der bis an den Innenwinkel reicht und hier, mit dem dunkleren Saumstreif zusammen, ein ganz unbestimmt begränztes, grosses, helleres Vorderrandsdreieck erkennen lässt. Hinter demselben ist eine, öfters auch fast oder ganz fehlende, gelbliche Schräglinie mit einem Zacken nach aussen. Die Rippen, besonders die der Mittelzelle, die Anfänge der aus dieser hervortretenden Rippen, so wie auch der Costalrand, sind weiss. Die an der Spitze rostbraunen, nach dem Innenwinkel zu, mehr graubraunen Franzen, haben eine verloschene gelbliche Mittellinie.

Die Hinterflügel sind bei dem kleineren ♂ lichter, beim ♀ dunkler rauchgrau, mit braungrauen, aussen etwas lichteren Franzen.

Bei Askhabad fing ich diesen Schmetterling am Fusse des Gebirges, bei der Lampe; auch bei Nuchur traf ich ihn an.

320. Parasia Paucipunctella Z. — Selten bei Askhabad; im Mai.

321. Nothris Verbascella Hb. — Sie war nicht selten bei Nuchur; im Juni kam sie Abends zur Lampe. Die Exemplare gleichen genau denen aus Mitteldeutschland.

322. Metanarsia Modesta Stgr. (Pl. VIII. fig. 10). —
Bei Nuchur im Juni nicht selten; die Stücke stimmen vollkommen mit denen aus Sarepta überein. So viel ich mich
entsinne, ist diese von Dr. Staudinger aufgestellte Gattung
und Art noch nicht bildlich dargestellt worden.

323. Metanarsia Junctivittella Chr. (Pl. VIII. fig. 11). —
*Palporum articulo terminali brevi albido. Alis anticis elongatis,
subacutis, dilute flavis, vitta media arcuata, ante apicem bifur-
cata, puncto disci costaque ad basim fuscis, posticis cinerascentibus.*

Exp. al. ant. 8 mm.

Ich zähle diese Art zur Gattung *Metanarsia,* da die Palpen und das Flügelgeäder derselben und der *M. Modesta* Stgr.
fast keinen Unterschied wahrnehmen lassen. Die Form der
Vorderflügel, Färbung und Zeichnung dagegen sind bei den
beiden Arten recht abweichend.

Das Mittelglied der Palpen ist mit ziemlich dicht anliegenden, auf der Oberseite weissgelben, sonst dunkelbraunen
Schuppenhaaren bekleidet, die vorn etwas hervorstehen. Wie
bei *M. Modesta* liegt das Endglied in einer seichten Vertiefung, die aber wohl nur durch die Beschuppung entsteht und
oft kaum wahrzunehmen ist. Das Endglied ist etwas länger,
als das von *M. Modesta,* tritt in Folge dessen aus der Behaarung des Mittelgliedes hervor und ist bis an die Spitze
ziemlich dick mit Schuppen bedeckt. Die Scheitelschuppen sind
schopfartig aufgerichtet. Unter den Fühlern befindet sich eine
Reihe ziemlich langer, aufgerichteter Wimperhaare. Das verdickte Wurzelglied der Fühler ist mit lichtgelben Schuppen
bekleidet. Die Fühler sind lichtbraun, bald heller, bald dunkler. Beine gelblichweiss; die Hinterschienen sind mit langer
Behaarung bedeckt; die beiden Dornenpaare sind von mässi-
ger Länge. Thorax hellgelb, mit etwas Weiss gemischt. Der
Hinterleib ist weissgrau.

Die Vorderflügel haben einen stark geschwungenen Vorderrand, sind schmäler und mehr zugespitzt, als bei *M. Modesta*. Ihr Grund ist hellgelb; die Zeichnung besteht aus einem braunen gekrümmten, am Aussendrittel gegabelten, ungleich dicken Längsstreifen und einem oft fehlenden Mittelfleckchen; das Basaldrittel des Vorderrandes ist von dunkelbrauner Farbe.

Vielleicht ist es aber richtiger, die Zeichnung folgendermassen zu definiren:

Sie besteht aus zwei Längsstreifen, von denen der eine, ganz dünn von der Wurzel ausgehend, sich bald verdickt, unterwärts einen ganz kurzen Vorsprung bildet, dann in fast gerader Richtung nach dem Enddrittel des Vorderrandes geht, hier breiter wird und an demselben in die Spitze ausmündet. Der andere Streifen beginnt ebenfalls ganz fein an der Flügelwurzel, verläuft am Vorderrande bis etwa zum ersten Drittel, biegt dann, von der Grundfarbe mehr oder minder unterbrochen, einwärts, trifft hinter der Mitte den unteren Streifen, durchschneidet ihn und tritt am Enddrittel auf der anderen Seite heraus; er geht dann, als dicke Linie, bis an den Hinterrand und fasst dessen obere Hälfte bis in die Spitze dunkel ein.

Die Franzen sind in ihrer oberen Hälfte hellbraun, mit 2 wenig deutlichen, nur durch Pünktchen bezeichneten, halben Theillinien; die untere Hälfte ist einfarbig weissgelb.

Die Hinterflügel haben eine etwas mehr vorgezogene Spitze, als die von *M. Modesta*. Sie sind licht gelblichgrau.

Diese Art war bei Askhabad nicht selten; ich fing sie im April und Anfang Mai, und zwar auf einem sandigen Abhange, an der Lampe.

324. Anarsia Halimodendri Chr. — Diese Art war bei Askhabad nicht selten; sie wurde im Mai, auf einem mit mannigfaltigen Kräutern üppig bewachsenen Hügel, bei der Lampe gefangen.

325. Oegoconia Quadripuncta Hw. — Einige dunkle Exemplare von Nuchur.

326. Coleophora Serratulella HS. — Ein ♂ von Askhabad.

327. Coleophora Leucapennella Hb. — Zwei kleine Männchen fing ich am Fusse des Gebirges bei Askhabad.

328. Pyroderces Argyrogrammos Z. — Auf den Grassteppen des Gebirges bei Nuchur nicht selten; im Juni.

329. Butalis Vitilella Chr. (Pl VIII. fig. 12). — *Alis anticis elongatis, acuminatis, griseis, costa, maculis duabus vittaque brevi e basi albis et maculis tribus disci nigris; posterioribus infuscatis.*

Exp. al. ant. 9 mm.

Sie gehört in die Nähe von *But. Gurdella* Chr., die eine andere Färbung und im Einzelnen auch andere Zeichnung hat.

Die Palpen sind mit anliegenden Schuppen bedeckt; das Mittelglied ist an der untern Hälfte hellgrau, von da an dunkelbraun auf der Aussenseite, hellgrau auf den Innenseiten und oben. Das Endglied ist ebenfalls am oberen Ende verdunkelt.

Die Fühler sind weissgrau, das Basalglied verdickt, dunkelbraun, am äussersten Rande weiss; darunter steht eine Reihe gekrümmter, weisslicher Borstenhaare.

Die Brust, der Bauch und die Beine sind weissgrau, die Hinterschienen licht gelblichgrau; die Vordertarsen sind oberseits hellbraun.

Der Hinterleib ist dick; die vordere Hälfte grau, die hintere gelblichgrau, mit sehr kurzem Afterbusch.

Die Vorderflügel sind gestreckt, zugespitzt, dunkelgrau mit weissen und schwarzen Flecken und Streifen in folgender

11*

Anordnung: weiss, oder besser weissgrau, sind der Costalrand, ein fleckartig verdickter Längsstreif von der Wurzel an, bis über das vordere Flügeldrittel und ein grösserer Fleck vor der Spitze. Diese Flecke sind nicht scharf umgränzt und, da ausserdem das Grau dazwischen etwas weissliche Beimischung hat, so wird dadurch die Zeichnung etwas unbestimmt. In den dicken Basalstrichfleck ragt, auf der unteren Seite desselben, ein kleiner schwarzer, schräggerichteter Strich oder Fleck hinein. Ein zweiter, grösserer, schwarzbrauner, schrägliegender Fleck schliesst hinten den weisslichen Basalstrich ab; dann folgt noch, vor dem hinteren weissen, ein schwarzbrauner, fast dreieckiger Fleck.

Die Franzen sind ebenfalls grau und weiss, d. h. ein Strich vom Vorderrande an und einer, von dem hinteren weissen Fleck aus, sind weissgrau.

Die Hinterflügel sind fast ebenso breit, wie die vorderen, braungrau, mit gleichfarbigen, stellenweise etwas helleren Franzen.

Die Unterseite ist dunkel schwarzgrau, auf den Vorderflügeln mit schmalem, weisslichem Costalrand und bräunlichen seidenglänzenden Franzen. Die hinteren sind etwas heller braungrau.

Das einzige ♀ fing ich am 21. Juni bei Nuchur, an der Lampe.

330. Butalis Chenopodiella Hb. — Ein sehr kleines ♂ wurde am 6. Mai bei Askhabad gefangen.

331. Mimaeseoptilus Pulcher Chr. (Pl. VIII. fig. 13). — *Antennis albidis supra fusco-alternatis. Alis anticis laete brunneis lutescente-mixtis, laciniis pallidioribus, punctis discoidalibus duobus (vel uno) nigris, striga angulata ante fissuram exalbida.*

Exp. al. ant. 11 mm.

Etwas grösser und bunter, als die ihr nächststehende *Miantodactylus* Z.; auch ist die Stirnbehaarung weniger schopfartig aufstehend. Das Basalglied der Fühler ist nicht sehr verdickt, mit ochergelben Schuppen bedeckt. Die Geissel ist gelblichweiss, auf der Oberseite mit schwarzbraunen Flecken. Beine gelblichweiss; die Dornen der hinteren sind länger, als bei *Miantodactylus*. Der Thorax ist hell ochergelb und gelbbraun, besonders die Schulterdecken. Der Hinterleib ist an den Seiten weisslich, auf der Oberseite etwas gebräunt, mit kurzem, ochergelbem Afterbusch.

Die Vorderflügel sind fast noch etwas schmäler, als bei *Miantodactylus*. Sie sind lebhaft gelbbraun und bald mehr, bald weniger mit Ochergelb gemischt; ja es giebt Stücke, die genau so hell, wie *Miantodactylus* sind.

Bei dunklen Exemplaren erkennt man in der Mitte zwei weissliche Flecke, von denen der vordere hinter dem ersten Drittel des Innenrandes, der hintere im Discus, etwas hinter der Mitte steht. Oft ist aber der Flügelgrund an dieser Stelle hell ochergelb gefärbt und sind dann die Flecken nicht sichtbar. Fast genau in der Flügelmitte ist bei manchen Stücken ein schwarzes Pünktchen. Vor der Einlappung steht eine beinahe rechtwinkelig um dieselbe gebrochene, gelblichweisse Binde: bei *Miantodactylus* zieht sich diese Binde schräg, aber nicht in einem Winkel, nach dem Innenrand. Zwischen dieser Binde und der Spitze ist im oberen Zipfel noch ein gelblicher, verloschener Schrägstrich; hinter demselben ist die Spitze heller, oft gelblich. Die Franzen am Vorderrande beider Lappen haben dieselbe hellere Farbe; die des Hinterrandes gehen aus dem Ochergelb allmählich in Braun über.

Die Hinterflügel sind graubraun; der Ausschnitt zwischen dem oberen und mittleren Lappen ist ebenso, wie bei *Miantodactylus*, d. h. die Spaltung reicht nur bis zur halben Flügellänge. Die Franzen sind graubraun, an den Vorderrändern der Lappen heller, ins Ochergelb gehend.

Der Schmetterling flog in den Vormittagsstunden und war auf ein sehr kleines Gebiet beschränkt; ich traf ihn nur in einem trockenen mit einem weissblühenden *Melilotus* bewachsenen Bachbette des Gebirges bei Nuchur.

Es gelang mir nur zahlreiche ♂♂ zu fangen.

332. Mimaeseoptilus Aridus Z. — Wurde einmal, im Juni, bei Nuchur gefangen.

333. Pterophorus Monodactylus L. — Ein Exemplar wurde von General Komaroff aus Askhabad eingesandt.

334. Aciptilia Confusa HS. — Ein ♂ wurde, am 12. Mai, bei Askhabad an der Lampe gefangen.

---

335. Orbifrons Singularis Stgr. (Pl. VI. fig. 1). — Von dieser neuen Gattung und sehr interessanten Art fand ich Mitte April bei Krasnowodsk, unter Steinen einige Raupen. Ich bedaure sehr, dass ich über die Raupen keine Notizen gemacht habe. Der Schmetterling erschien im September und Anfang October. So viel mir bekannt, war er bisher noch nicht abgebildet worden.

Anhang.

Im Herbste des verflossenen Jahres erhielt S. K. Hoheit der Grossfürst, abermals von General-Lieutenant Komaroff, eine reiche Sendung von Lepidopteren aus dem Achal-Tekke Gebiete. Ein flüchtiger Blick genügte, um in derselben eine Reihe, zum Theil neuer, zum Theil seltener und interessanter Arten zu erkennen. Da sowohl der Text, als die Tafeln zu diesem zweiten Bande bereits dem Abschlusse nahe waren, so schien es angezeigt, die Bearbeitung dieses neuen, so wichtigen Materials für die Kenntniss der Lepidopteren-Fauna des genannten Gebiets bis zur Publication des dritten Bandes der „Mémoires" hinauszuschieben. Nur zwei besonders hervorragende Arten, ein *Satyrus* und eine sehr originelle *Deilephila* werden auf Wunsch S. K. Hoheit hiemit dem zweiten, abschliessenden Theile meiner Arbeit angefügt.

Die Gelegenheit schien günstig, auch die Raupe des schönen Spinners *Axiopoena Maura* Eichw. durch Beschreibung und Abbildung nachträglich bekannt zu machen.

Satyrus Sieversi nov. sp. (Pl. XV. fig. 1 a, b). — *Alis dentatis nigro-fuscis, anticarum emarginatarum serie macularum 5 albidarum, quarum superior interrupta ocello non pupillato nigro, posticarum fascia attenuata subarcuata, intus subdentata albida, ciliis albidis. Subtus glaucescente-albidis, ocellis,* *in maculis albidis, late nigro limitatis; posticis ochraceis, fascia media lutescente.*

♂ Exp. al. ant. 31 mm.

Unter den nächstverwandten Arten, *Bischoffi* HS., *Staudingeri* Haas und *Kaufmanni* Ersch. ist *S. Sieversi* die schönste. Die Zeichnungsanlage ist dieselbe, wie bei den vorerwähnten Arten, bei *Sieversi* herrscht aber ein tiefes Schwarzbraun mit blauviolettem Reflex vor.

Die Vorderflügel sind am Hinterrande, unterhalb der Spitze, deutlich eingezogen, was, freilich in etwas geringerem Maasse, auch bei den anderen Arten zu bemerken ist. Auch sind die Flügel überhaupt etwas breiter, als bei jenen. Wie schon erwähnt, ist die weisse Fleckenzeichnung in ihrer Anordnung, wie bei den anderen Arten; bei *Sieversi* sind die Flecken am kleinsten, während sie sich bei der ihr sonst am nächsten stehenden *Staudingeri* zu breiter Binde vereinigen. Bei *Sieversi* kommt daher der Begriff von Binde in Wegfall. In diesem Bindenraume heben sich die 3 verschieden grossen, ungekernten schwarzen Augenflecke von dem fast ebenso dunklen Grunde fast garnicht ab. Wie bei allen *Satyrus*-Arten ist der Costalrand und das Wurzeldrittel beider Flügel lichter braun. Von dem weissen Flecke an ist der Vorderrand bis zur Spitze weiss. An dieser, in der Einbiegung und nochmals da, wo der untere grössere Augenfleck befindlich, sind die Franzen weiss, sonst schwarzbraun, jedoch nicht so dunkel, wie der Flügelgrund.

Auf den Hinterflügeln wird die schmale gelblich weisse Mittelbinde von den Rippen unterbrochen. Die Franzen des kräftig gezahnten Aussenrandes sind weiss, nur auf den Auszackungen am Innenwinkel und dem darauf folgenden Zacken—dunkel.

Die Unterseite gleicht fast ganz derjenigen des *S. Staudingeri* und ein Unterschied ist nur darin zu erkennen, dass bei *Sieversi* auf den Vorderflügeln die schwarze Fleckbinden-einfassung breiter, die Hinterflügel etwas dunkler ochergelb sind und eine schärfere innere Begränzung der Mittelbinde vorhanden ist.

Von diesem schönen Falter sandte Herr General-Lieutenant Komaroff 7 ♂ ♂, die im Juni bei Askhabad gefangen wurden.

Es gereicht mir zu besonderem Vergnügen, dieser ausgezeichneten neuen Art den Namen meines hochverehrten Freundes Dr. G. Sievers beizulegen.

Deilephila Komarovi nov. sp. (Pl. XV. fig. 2 a, b).— *Thorax et abdomen olivaceo-virides, abdominis segmento quarto dilute rosaceo-albicincto. Alæ anticæ obscure olivaceo-virides, ad marginem posticum violaceo-cinereæ, linea arcuata albida limitante discum viridem, lunula media magna albida subter juncta cum fascia albida subrecta exeunte in marginem inferiorem, pone quam punctum albidum; posticæ sordide ferrugineæ, foras infuscatae, fascia obsoleta fusca ante marginem posticum ad angulum analem violaceo-albide cincta. Subtus dilute rosacea, nervis margineque interiore lato ochraceis, lunula media albida.*

1 ♀ Exp. al. ant. 31 mm.; long. corp. 30 mm.

Das in lepidopterologischer Hinsicht so interessante Achal-Tekke-Gebiet bietet auch unter den grösseren Formen noch neue und sehr ausgezeichnete Arten. Dafür giebt wiederum Zeugniss die schöne *Deilephila*, die durch General-Lieutenant Komaroff in der Umgegend von Askhabad, bei Germob, im Juni 1884 entdeckt wurde.

Von diesem schönen *Sphinx* wurde bisher nur ein Weibchen gefangen; es ist ziemlich rein und jedenfalls vollkommen genügend, um beschrieben zu werden.

Diese Art hat mit keiner anderen des paläarktischen Gebietes Aehnlichkeit. Am nächsten steht sie der australischen

Zonilia (Cizara) Ardenia Lewin *(Lewin, A natural history of the Lepid. Insects of New South Wales. London, 1882, Pl. 11 pag. 3)*, die aber, anderer Unterschiede nicht zu gedenken, schwarzen Flügelgrund hat. Sie ist wohl zu *Chaerocampa* zu stellen, obschon die meisten Arten dieser Untergattung viel spitzere Flügel und auch einen längeren Hinterleib haben. *D. Komarovi* hat verhältnissmässig breite, wenig zugespitzte Vorderflügel, mit ziemlich geschwungenem Hinterrande.

Die nicht lange Rollzunge ist von dichter, sammtartig aufgerichteter Behaarung eingefasst, die sich nach der Stirn hin fortsetzt und hier fast schopfartig erscheint. Fühler wenig kürzer, als die halbe Länge der Vorderflügel, oben weiss, unterseits lichtbraun. Thorax breit, mit olivengrünen, weisslich gerandeten Schulterdecken; in der Mitte unrein rostfarben. Hinterleib olivengrün, mit dunkler und hierauf weisslich gerandeten Segmenten. Das 4-te Segment ist unrein weisslich rosafarben, untermischt mit grünlichen Haaren.

Vorderflügel von dunkel oliven-oder lauchgrünem Grunde. Ein sehr geringer Theil der Basis, Vorder-und Innenrand, sowie das Saumtheil, in ziemlich ansehnlicher Breite, sind violettgrau. Von der Spitze bis zur weisslichen Bogenlinie ist das Grau von dem Grün nicht scharf abgegränzt. Letztere weissliche Bogenlinie beginnt etwas über $^3/_4$ des Vorderrandes und trennt scharf den grünen Flügelgrund vom grünlich-grauen Limbaltheil; sie ist auf Rippe 3 mit einem spitzen Zahn nach Innen gerichtet. Am Schlusse der Mittelzelle befindet sich ein ziemlich breiter weisser Mondfleck, von dem, fast perpendikulär, eine weissliche Querbinde in den Innenrand ausgeht. Dicht neben ihr und etwas unterhalb des Mittelmondes befindet sich, zur Basis hin, ein weisser Punkt. Die Franzen sind hellbraun, an den Rippenenden dunkler.

Hinterflügel unrein rostfarben; Vorder- und Innenrand, auch die Franzen, sind ochergelb. Nach dem Saume zu ist eine verloschene, schwarzbraune, nur gegen den Innenwinkel von weisslicher Färbung umgebene und schärfer abgegränzte Binde.

Die Unterseite der Flügel ist unrein rosenroth, mit ochergelbem Innenrand, Rippen und Franzen und weisslichem, verloschenem Mittelmond. Beine, Brust und Bauch sind ebenfalls rosenroth; letzterer ist in der Mitte gelblichweiss, während die beiden letzten Segmente ochergelb sind.

Axiopoena Maura Eichw. (Pl. XV. fig. 3). — Von der Raupe dieses schönen *Bombyx* scheint keine Beschreibung vorhanden zu sein. Ich halte es daher nicht für überflüssig, der gelungenen Abbildung dieser Raupe einige Erläuterungen beizufügen.

Das einzige mir vorliegende, präparirte Exemplar einer ausgewachsenen Raupe ist 72 mm. lang und 13 mm. breit.

Sie ist schwarzbraun, in den Einschnitten und am Bauche dunkel röthlich braun. Kopf und Beine schwarz, glänzend. Beine kräftig. Auch die Bauchbeine sind stark entwickelt, an der Aussenseite oberhalb schwarz, an den Enden fleischfarben. Die kräftigen, etwas bläulichen Warzen sind mit steifen schwarzen, mittelmässig langen Haaren besetzt.

Nach meiner Erfahrung hält sie sich nur an Felsen auf, gleichviel von welcher Gesteinsart; sie ist am Tage in den Ritzen und blasenartigen Höhlungen verborgen und geht nur Abends und in der Nacht ihrer Nahrung nach. Ich fand sie bei Krasnowodsk an *Artemisia*, bei Ardanutsch, im Pontus-Gebiet, — auf den Blättern einer *Centaurea*. In den Felslöchern verwandelt sie sich im Mai, in einem sehr lockerem Gespinnst, in eine glänzende, glatte Puppe von schwarzbrauner Farbe. Der Schmetterling erscheint etwa 14 Tage nach der Verpuppung und hält sich am Tage an ähnlichen Stellen, wie die Raupe, auf.

DESCRIPTION

D'UN GENRE NOUVEAU ET D'UNE ESPÈCE NOUVELLE APPARTENANT AUX *COSSINA* HS.

PAR

F. J. M. HEYLAERTS.

(Pl. IX. fig. 1 a, b, c, d, e).

Si j'ose décrire ici un lépidoptère, non-seulement étranger à la Russie, mais même à l'Europe, c'est que j'en ai instamment demandé la permission à Son Altesse Impériale. Comblé par Son Altesse Impériale de gracieusetés de toutes sortes, c'est par reconnaissance que je Lui ai dédié le genre nouveau et l'espèce suivante, dont la description préalable a été publiée déjà dans le *Compte-rendu de la Société Entomologique Belge, séance du 1 Mars 1884.*

Romanoffia nov. gen.

Mas. Capite lato; oculis magnis rotundis; ocellis nullis; palpis falcatis, frontem non superantibus, breviter pilosis, articulo secundo longissimo, tertio tamen brevi atque conico; antennis longissimis breviter pectinatis; lingua spirali valida. Thorace lato hirsuto; abdomine angulum analem superante.

Pedibus validis, tibiis anterioribus brevibus spina magna recurvata adhaerente; tibiis posterioribus quadricalcaratis.

Alis anterioribus latioribus, margine anteriori apiceque rotundato, margine exteriori medio paulo excavato, margine interno fere recto; costis 10; cellula discoïdali magna divisa; parte superiori partem inferiorem ter magnitudine superante; costa (10) libera; cellula appendiculata permagna: e margine hujus exteriori 6, 7 + 8 (longe petiolatis); 9 e margine anteriori cellulæ discoïdalis; 5 discocellularis parte inferiori, cellulæ appendiculatæ marginem inferiorem perficiente; 4 ex angulo posteriori, 2 et 3 e margine posteriori cellulæ discoidalis; 1 et 1a marginem exteriorem versus convergentibus. Alis posterioribus elongatis, margine anteriori exteriorique subrotundatis, margine interno subobliquo. Costis 8: 8 tota libera, 7 e margine superiori et 6 ex angulo anteriori cellulæ discoidalis divisæ; 4 et 5, longe petiolatis, ex ejusdem angulo posteriori, 3 et 2 e margine posteriori; 1 a prope marginem internum, 1b et 1c remotis et marginem externum divergentibus. Frenulo longiori.

Appartenant aux *Cossina b* Herrich Schäffer, le genre nouveau se distinguera facilement par la nervulation, qui, au premier abord, paraîtra très étrange, mais qui, bien étudiée, sera trouvée conforme à la description, que j'en ai donné ci-dessus. Je n'indique pas la place qu'il tiendra parmi les *Cossina* HS., laissant ce soin à celui, qui réunira les différents genres de cette famille dans une description monographique.

Imperialis nov. spec.—*Mas. Flavo-griseus; capite flavopiloso; antennis læte fuscis ad apicem pectinatis, 64 - articulatis, scapo valido, ciliis mediocriter longis a quarto exteriori ad apicem decrescentibus; oculis magnis rotundis; palpis articulo primo longe flavo hirsuto, secundo longo breviter nigrobrunneo piloso, tertio parvo conico obscuriori.*

Thorace supra flavo-griseo (collare concolor), subtus flavo, scapulis latis pilosis; abdomine supra breviter nigro-griseo, flavo marginato, subtus flavo, apice breviter acuteque flavo-griseo barbato.

Pedibus laete brunneo-griseis, trochanteribus flavo-aurantiacis.

Alis anterioribus flavo-griseis, cellulis mediis appendiculatisque subpellucidis; venis productis. Alis · posterioribus flavo-griseis. Fimbriis concoloribus.

Exp. al. 36 mm.

Habitat: Chiriqui (Panama)—America centralis.

♂ in Museo D-ris Staudinger.

♂. La tête est assez large; le front et l'occiput sont couverts de poils lisses d'un jaune orangeâtre, la face, au contraire, est d'un gris-brun. Les palpes sont forts, ronds et velus, le premier article porte des poils assez longs d'un jaune orangeâtre et est strié longitudinalement par une ligne brune; le second, un peu plus de deux fois plus long, est comme le troisième, qui est assez petit et coniforme, couvert de poils courts et bruns. Les antennes, très longues, environ trois quarts du bord antérieur, sont bipectinées, les barbes diminuent en longueur seulement vers l'extrémité supérieure; la hampe est très forte et brunâtre. La trompe est forte et jaune. Le collier, les ptérygodes et le thorax sont jaune-grisâtres. Ce dernier, comme aussi les quatre premiers segments de l'abdomen, porte en dessus des poils très longs grisâtres; en dessous tout le thorax est jaune orangeâtre. L'abdomen jaune en dessus, gris en dessous, a sur la face dorsale de chaque segment, sauf le dernier, une grande tache d'un brun noir, diminuant lentement en largeur, de sorte que sur l'avant dernier il n'en reste qu'un gros point rond.

Les pattes sont assez longues, mais fortement constituées. Les trochanters sont velus, portent des poils orangeâtres assez

longs et ont une grande macule noire sur la face antérieure.
L'articulation coxo-fémorale a la même couleur que les trochanters, mais fémurs, tibias et tarses sont brunâtres. Les
crochets sont très forts. Les tibias antérieurs ont une épine
tibiale très forte et recourbée, ayant la forme d'un kris
(poignard) Javanais. Une rainure assez profonde de la face
correspondante du fémur sert à cacher, au besoin, le tibia et
l'épine. Les tibias postérieurs portent deux paires d'éperons
courts et forts.

Les ailes antérieures, dont la coupe et la nervulation ont
été minutieusement décrites dans la diagnose ci-dessus, sont
gris-jaunâtres à reflet carné: les cellules discoïdales et appen-
diculaires sont semi-transparentes et comme nacrées. Les nervures sont très épaisses et gonflées. La frange est courte et
gris-jaunâtre.

Les ailes postérieures, d'un teint pareil, mais beaucoup
plus clair, sont blanchâtres vers le bord supérieur; les nervures ne sont pas gonflées. La frange est d'un blanc jaunâtre.

La couleur du dessous ressemble à celle du dessus.

Par la nervulation étrange et insolite, par sa rareté, or
on ne connaît que ce seul exemplaire, *Romanoffia Imperialis* m.
est pour sûr un des Hétérocères les plus intéressants.

Explication des figures.

1e. L'insecte parfait ♂.
1a. Sa nervure.
1b. 2-d et 3-e article des palpes (grossis).
1c. Patte antérieure (grossie), face antérieure.
1d. Antenne (grossie).

Bréda, 2/14 Octobre 1884.

Psychides nouvelles ou moins connues de l'Empire Russe

PAR

F. J. M. HEYLAERTS.

(Planches IX et X).

1. Psyche Detrita Led.
Verhandl. d. zool.-bot. Vereins, Bd. III, 1853, p. 363. Taf. 2 fig. 2.

J'ai examiné le seul spécimen connu jusqu'aujourd'hui, maintenant dans le Musée du Dr. Staudinger. L'exemplaire est trop fruste pour être dessiné, le nom d'ailleurs l'indique assez. L'espèce, un *Psyche* (mon genre IV) vrai, ressemble tellement à *Psyche Viciella* Shiff., que, pour ma part, je crois qu'elle n'est qu'une variété locale, ou tout au plus une *species Darwiniana* de la dernière. La nervulation est la même, seulement les barbes de ses antennes sont un peu plus longues et d'une couleur plus foncée, l'abdomen, ainsi que le thorax, plus noirâtre. Quand je vois varier de la même manière les exemplaires *ex larva* de *Psyche Stetinensis* Hering de ma collection de Psychides, je crois avec le Dr. Staudinger, que *P. Detrita* Led. comme espèce „vix agnosci potest". Toutefois c'est aux lépidoptérologues russes de rechercher la chenille, car alors seulement il est possible de se fixer.

L'unique exemplaire fut rapporté par Kindermann des Montagnes d'Altaï (Sibérie occidentale).

L'envergure est de 18 mm. La tête, assez velue, porte des restes des antennes brunes et des pseudopalpes passablement longs de la même couleur. Le thorax et l'abdomen portent des poils bruns assez longs. Les pattes ont les femurs noirâtres, les tibias et les tarses sont plutôt jaunes brunâtres. La nervulation des ailes antérieures, dont la coupe est celle de la *Ps. Viciella* Schiff. est la suivante: 2 et 3 naissent du bord postérieur de la cellule discoïdale, 4 + 5 et 6 du même point, angle inférieur de la cellule précitée, 7 du milieu de la discocellulaire, 8 et 9 d'un long pédicule, 10 et 11 du bord antérieur de la cellule, et 12, la costale. Les ailes postérieures ont sept nervures, dont 4 et 5 sur un pédoncule assez long et 7 entièrement libre.

2. Pachytelia Villosella O. var. **Casanella** Boisd. i. litt.
Bruand, Monographie des Psychides, № 31, pag. 53.

Les exemplaires originaux de la collection Boisduval m'ont été envoyés à l'étude par le possesseur actuel, M. Oberthür. Je les ai comparés avec les pièces typiques, et ma conclusion est, que ce sont des *P. Villosella* O. très grandes, sans la moindre différence par rapport à la nervulation, quoiqu'en dise Bruand.

2 bis. **Id.** (var?) **Hirtella** Ev.
Eversmann, Bull. de l. Soc. Imp. d. Nat. de Moscou, vol. XVI, 1843, p. 542.

M. Erschoff a prouvé, que l'*Hirtella* Ev. n'est en réalité autre chose que *P. Villosella* O. Aussi la description donnée par le docte professeur semble corroborer la décision précitée. Le seul: „ejus sacculus e foliolis minutis pendentibus constructus est" pourrait induire en erreur; mais, quand on sait que la *Villosella* O. construit son fourreau de différentes manières, le doute n'existe plus.

3. Amicta Lutea Stgr. var. **Armena** m. (Pl. IX. fig. 2).

Son Altesse Impériale le Grand Duc Nicolas Mikhaïlovitsch m'a fait l'honneur de m'envoyer un spécimen de l'*A. Lutea*, trouvé en Arménie, qui diffère en plusieurs points du type. Toutefois les différences ne sont pas telles, qu'elles autoriseraient à constituer une nouvelle espèce. D'ailleur l'*A. Lutea* semble sujette à varier, car le Dr. Staudinger m'a fait parvenir à l'étude une autre variété de cette espèce.

La var. *Armena* m. se distingue du type par:

1) les antennes, qui sont relativement plus fortes et ont des barbes plus épaisses, qui ont la tige colorée d'un jaune de cire foncé, tandis que le type et l'autre var. l'ont presque blanchâtre.

2) par les pseudopalpes plus courts et leur couleur absolument blanche jaunâtre.

3) par la couleur plus foncée du thorax, de l'abdomen et des ailes, soit en dessus, soit en dessous.

4) par l'épine tibiale plus longue, qui atteint la moitié du premier article tarsal, tandis que pour le type et la var. suivante elle n'excède pas en longueur celle du tibia correspondant.

5) par la nervulation, or chez elle 7 et 8 + 9 naissent du même point, l'angle antérieur de la cellule discoïdale, tandis que, pour le type et la var. suivante, 7 est parfaitement séparée du pédoncule de 8 + 9.

4. Amicta Lutea Stgr. var. **Schahkuhensis** m. (Pl. IX. fig. 3. ♂ grossi).

Celle-ci, ayant la nervulation typique, se distingue, à première vue, par son teint encore plus foncé que celui de la var. précédente; elle est plus fortement bâtie; ses antennes portent des barbes beaucoup plus longues, et les poils, qui couvrent le thorax et l'abdomen, sont très longs. La frange des ailes est brunâtre et pas du tout luisante comme chez le type et la var. *Armena*. L'unique exemplaire a été trouvé par M. Christoph et porte l'étiquette: Shahkuh, Christ.—1 ♂ dans le musée du Dr. Staudinger.

La tige des antennes de la figure est trop brune.

5. **Amicta Uralensis** Frr. (Pl. IX. fig. 4. ♂ grossi).
Freyer, Neuere Beiträge, VI. pag. 37, tab. 505. fig. 2.

Passablement figurée et décrite assez superficiellement, cette espèce, toujours rare dans les collections, a bien besoin d'être revue. Les premiers spécimens furent pris dans l'Oural par feu M. Kindermann; plus tard l'espèce fut retrouvée à Sarepta par M. Christoph. *Uralensis* a un peu l'aspect d'une petite *Ps. Hirsutella* Hb., mais sa nervulation est toute différente. Elle n'a que 17 mm. d'envergure. Sa couleur est un gris bleuâtre à reflet, surtout vers les bords des ailes, brun jaunâtre. — La tête, très petite, porte des antennes courtes, $^1/_3$ du bord antérieur des ailes antérieures, à hampe grise et à barbes relativement longues et brunes. Les pseudopalpes sont courts et d'un gris brun. Le thorax porte en dessus des poils très longs et blanchâtres, en dessous brunâtres. L'abdomen ne dépassant pas l'angle anal, est velu, les poils sont longs et également d'un gris blanchâtre. Les pattes ont les fémurs bruns, mais les tibias, dont les antérieurs ont une épine très longue, sont gris comme les tarses grêles.

Les ailes antérieures sont relativement courtes; le bord antérieur, un peu sinueux à la partie basale, est recourbé ainsi que l'apex; le bord interne est presque droit et un tiers moins long que l'antérieur; le bord externe est recourbé et a l'angle externe effacé.

Les ailes postérieures sont assez larges et à bords arrondis.

La nervulation des ailes antérieures est la suivante: de la cellule discoïdale, qui est pyriforme et divisée en deux portions égales, naissent 2 et 3 du bord postérieur, 4 de l'angle postérieur, 5 de la discocellulaire en dessous et 6 en dessus de la nervule, qui divise la cellule; 7 + 8, à long pédicule, de l'angle antérieur, 9 et 10 de la sous-costale; 11 libre, la costale.

Les ailes postérieures ont sept nervures, toutes libres. La cellule est divisée en deux portions inégales, la supérieure étroite et courte, l'inférieure plus large et plus longue.

La couleur des ailes est, comme je l'ai dis ici dessus, un gris bleuâtre (fraichement éclose!), leurs bords sont liserés de brun; la frange est courte, jaunâtre et luisante.

Le fourreau, la chenille et la femelle, tout cela m'est inconnu. J'espère que M. Christoph puisse trouver le temps ou de les chercher et de les publier, ou de faire parvenir des indications précises, pour que nos collègues de Sarepta fassent ce travail pour lui. La connaissance de la chenille et de la femelle d'une Psychide est de toute nécessité, et la recherche des fourreaux, quand on sait le repaire des mâles, n'est pas si difficile.

J'ai eu à l'étude 2 ♂♂ du musée Staudinger, 1 ♂ de la collection du Prof. Zeller et 1 ♂ de la mienne.

6. Amicta Uralensis var. **Demissa** Led. (Pl. IX. fig. 5a. ♂ grossi; 5b fourreau de la femelle).
Wiener Monatsschr., 1863, p. 23. Taf. I, fig. 4 ♂.

Je suis complètement de l'avis du Dr. Staudinger quand il dit, que la *nova species* de Lederer n'est qu'une simple variété plus grande, peut-être locale, de l'*A. Uralensis* Frr. (vide Stgr. Cat. p. 63). Effectivement la plus grande envergure, les ailes, etc. de plus grande dimension, la couleur un peu plus brunâtre, voilà toute la différence. La nervulation est absolument la même. Lederer dit: „Im Geäder mit *Opacella* übereinstimmend"; ceci est vrai pour les nerv. 2—11, mais la et 1b sont formées comme je l'ai décrit dans ma „Monographie des Psychides", pag. 42, sous-genre *Oiketicoïdes* m. (mieux *Chalia* Moore) pour *Ch. Opacella* HS., tandis que la var. *Demissa* Led. appartient, avec le type, a mon sous-genre *Amicta* (vide ib. 1. c. p. 42).

Lederer eut deux ♂♂ éclos, l'un à Slicono, l'autre à Varna. En perdant le fourreau du ♂, ressemblant, selon lui, à celui de *Ps. Hirsutella* Hb. (*Calvella* O.), il lui restait celui de la ♀, qui, d'après moi, ne ressemble nullement à celui de l'espèce précitée.

Par la bonté du Dr. Staudinger, possesseur actuel de la collection Lederer, j'ai pu donner la figure de la var. *Demissa* Led. avec le fourreau de la femelle.

Ce fourreau a une longueur d'environ 22 mm., et est large, au milieu, de 7 mm., en bas seulement de 2 mm. Il est cylindrique, couvert de tiges de graminées, de petits morceaux de bois, et de graines de sable. Les tiges, de longueur différente, sont appliquées longitudinalement, mais d'une manière irrégulière.—Lederer a eu le tort assez grand de négliger la description des chenilles respectives de toutes les Psychides qu'il a décrit, donc aussi il ne dit rien de celle de la var. *Demissa*.

Si j'ai décrit la var. précitée parmi les Psychides russes, c'est que peut-être elle sera bien trouvée l'un ou l'autre jour dans la Russie méridionale.

7. Epichnopteryx Hofmanni m. (Pl. X. fig. 1 ♂, grandeur naturelle, fig. 2 ♂ grossi et fig. 3 trois articles des antennes, avec leur barbules, grossies).

Heylaerts, Compte-rendu Soc. Ent. Belge, 4 Oct. 1879, pag. CXXXIX ').

') Cette espèce, quoique Sicilienne, est décrite ici: 1) parce que M. Brants l'a dessinée sur la même planche avec trois *Canephoridae* russes nouvelles; l'arrangement artistique des figures aurait été rompu en l'ôtant de

Mas. Parvus, antennis nigricantibus bipectinatis dentibus longioribus; pseudopalpis longe pilosis. Alis brunneo-fuscis margine obscuriori; ciliis dilutioribus subnitidis. Alæ anteriores costis 10. Pedibus griseis.

Expansio al. ant. 9 mm.—Larva feminaque ignotae.

Habitat: Insula Sicilia, Palermo.

Espèce très petite. La tête est assez forte et très velue; elle porte des antennes, dont la hampe et les barbules, qui sont plus grosses et plus longues que celles de l'*E. Pulla* Esp., sont d'un noir foncé. Les pseudopalpes sont très longs et très noirs. Le thorax (l'abdomen manque) porte des poils noirs et les pattes sont comme celles de l'espèce précitée (A la tête, avec ses appendices, l'*E. Hoffmanni* sera toujours reconnue immédiatement).

Les ailes, qui ont la nervulation de l'*E. Pulla* Esp., les cellules discoïdales et interposées, étant toutefois relativement plus longues, mais plus étroites, sont allongées. La couleur en est brune, avec un reflet jaunâtre sur le disque; les bords et les veines sont plus noirâtres. La 'frange est plus claire et luisante. Les ailes postérieures sont moins velues que les antérieures. Par rapport à la coupe les antérieures ont le bord costal et externe un peu recourbés, l'interne presque droit sans dent obtuse. Les postérieures sont allongées avec l'apex et l'angle anal à peine visibles.

Un seul ♂, de la collection de feu Lederer, pris à Palermo, dans le musée du Dr. Staudinger.

J'ai dédié cette *species nova* à M. le Dr. Ottmar Hofmann, Medicinalrath à Regensbourg, le savant entomologue, auteur de l'ouvrage justement renommé „Ueber die Naturgeschichte der Psychiden", et de plusieurs autres travaux ento-

sa place; 2) parce que la figure et la description de cette petite espèce, non encore figurée, pourront faciliter la comparaison des nouvelles espèces russes avec le groupe de *Pulla* Esp., auquel elle appartient.

mologiques intéressants. Je lui dois plusieurs envois de Psychides remarquables.

8. Epichnopteryx Flavescens m. (Pl. X. fig. 11 ♂, grandeur naturelle, fig. 12 ♂, grossi, fig. 13 antenne du ♂, très grossie).

Staudinger. Stett. Ent. Zeitung. 1881, S. 203.

Heylaerts. Compte-rendu. Soc. Ent. Belg. 4 Oct. 1879, pag. CXXXVIII.

Mas. Parvus, antennis bipectinatis ciliis brevioribus; alarum marginibus, praesertim apicem versus fere aurantiacis, his autem flavescentibus, subsericeis; ciliis dilutioribus, fere albescentibus, nitidis. — Alæ anteriores costis 10. — Thorace, abdomine pedibusque stramineo-pilosis.

Exp al. 9,5 mm.—Larva feminaque ignotæ.

Habitat: Ala-Tau (Turkestania Rossica).

Espèce assez petite, pas plus grande qu'une petite *Fumea Nitidella* O.—La tête porte des poils jaune-brunâtres; les antennes sont courtes, $^1/_3$ environ du bord costal, elles ont 20 articles à courtes barbules; la hampe est grise. Les pseudopalpes, médiocrement longs, ont la couleur des poils de la tête. Le thorax et l'abdomen sont noirs et couverts de poils blonds; le thorax est un peu plus foncé. Les pattes sont velues, les poils sont blonds aussi.

Les ailes antérieures sont passablement allongées; le bord costal est presque droit à apex arrondi, l'interne est droit aussi et un quart moins long que l'antérieur, le bord et l'angle externe sont arrondis. Leur couleur est un jaune clair avec un liseré orangeâtre, qui s'épaissit beaucoup vers l'apex; les veines sont légèrement teintes de cette dernière couleur. La frange est longue et d'un blanc jaunâtre.

Elles ont 10 nerv. libres. Les cellules discoïdales et interposées sont allongées.

Les ailes postérieures sont un peu plus grisâtres (mais claires) et allongées, l'apex et l'angle anal, étant peu prononcés, mais visibles. Aussi celles-ci sont liserées d'orangeâtre; leur frange est longue et du même teint que celle des ailes antérieures. — Elles ont 7 nervures libres.

4 ♂♂, dont un très fruste, trouvés par M. Haberhauer dans l'Ala-Tau (Tourkestan Russe).

Ils se trouvent dans le musée du Dr. Staudinger.

9. Epichnopteryx Flavescens m. var. Kuldchaënsis m.

(Pl. IX. fig. 7 ♂ grossi et 8 ♂ encore plus grossi, très foncé).

Alphéraky. Lépidoptères du district de Kouldja, Horae Soc. Ent. Ross. T. XVII. pag. 34 (20).

Est-ce une espèce? Est-ce simplement une variété de l'*E. Flavescens* m.? Je n'oserais pas m'exprimer catégoriquement, parce que la chenille de celle-ci, et aussi celle de la première, est encore à chercher. Provisoirement je la décrirai comme étant une variété.

Plus grande que le type; j'en ai qui mesurent 11 à 13 mm d'envergure. Elle a la tête couverte de poils gris. Les yeux sont très grands. Les antennes courtes ont les barbules un peu plus longues. Les pseudopalpes sont courts et d'un jaune grisâtre. Le thorax, l'abdomen et les pattes portent des poils blonds.

Les ailes antérieures sont beaucoup plus allongées; le bord antérieur et interne sont droits à apex et angle arrondis, leur teint est d'un jaune de paille soyeux et luisant sans la moindre trace d'orangeâtre et elles sont densément couvertes d'écailles pileuses et de poils. La frange est plus jaunâtre et luisante. La nervulation est celle de l'*E. Flavescens* m.

Les ailes postérieures sont beaucoup plus foncées, d'un gris bleuâtre et ont la frange un peu plus claire. Elles sont allongées et ont l'apex et l'angle anal à peine indiqués. Comme le type elles ont 7 nerv. libres.

Plusieurs ♂♂ furent trouvés par M. Alphéraky, au commencement de Mai, près du mur de la citadelle de Kouldja. Je lui dois quelques spécimens, et il m'en a fait parvenir d'autres, assez bien conservés, pour les faire dessiner.
La chenille et la femelle sont inconnues.

10. Epichnopteryx Staudingeri m. (Pl. X. fig. 4 ♂ grandeur naturelle; fig. 5 ♂ très grossi; fig. 6 ♂ très grossi, en dessus; fig. 7 antenne très grossie).

Heylaerts. Le Naturaliste, 2. 15. Avr. 1879.

Heylaerts. Compte-rendu. Soc. Ent. Belge, 4 Oct. 1879, pag. CXXXIX.

Mas. Parvus, antennis bipectinatis, 17 - articulatis; pseudopalpis obscurioribus albomixtis; thorace, abdomine pedibusque nigris albo-pilosis. Alis albidis pellucidis dilute brunneo-marginatis, venis nigricantibus. Alæ anteriores costis 10, posteriores costis 7; ciliis albidis nitidis.

Exp. al. 9 mm.

Habitat: Sarepta. — 2 ♂♂ in museo D-ris Staudinger.

Cette petite espèce est une des plus jolies. La tête, assez velue, porte des antennes à hampe grise et à barbes passablement longues, diminuant en longueur vers le milieu de l'antenne. Les pseudopalpes sont courts, les poils sont bruns avec lesquels quelques poils gris sont mélangés. Le thorax et l'abdomen sont couverts de poils noirs et blancs en dessus; le dernier segment abdominal en dessus, et tout le dessous, est couvert de poils plus grisâtres. Les pattes, relativement fortes, sont munies de poils gris.

Les ailes antérieures sont allongées; elles sont d'un blanc bleuâtre argenté, bordées de brunâtre. Les nervures se dessinent en brun noirâtre et la frange est d'un blanc luisant et relativement longue.—Elles ont 10 nerv. libres, 10 est la costale. La cellule interposée est petite, comme aussi la cellule discoïdale elle-même, dont le bord externe n'atteint pas le milieu de l'aile.

Les ailes postérieures ont 7 nerv. également libres. La cellule discoïdale est divisée en deux portions inégales. — Chenille et femelle inconnues.

J'ai dédié cette espèce nouvelle à M. le Dr. Staudinger, qui, en m'envoyant à l'étude tout ce que sa richissime collection contient en Psychides rares ou intéressantes, m'a rendu des services signalés par rapport à mon travail monographique.

11. Epichnopteryx Millierei m. (Pl. X. fig. 8 ♂, grandeur naturelle; fig. 9 ♂ très grossi; fig. 10 patte postérieure très grossie).

Heylaerts. Le Naturaliste, 2, pag. 3.

Heylaerts. Compte-rendu Soc. Ent. Belge, 4 Mars, 1879, pag. CXXXIX.

Mas. Parvus; antennis bipectinatis, 18-articulatis; thorace, abdomine pedibusque nigris albopilosis. Alis albo-griseis subdiaphanis, subsericeis; ciliis albidis nitidis. Alæ anteriores costis 8, posteriores autem 7.

Exp. al. 11 mm. — Eruca feminaque ignotæ.

Habitat: Montes Uralenses meridionales. ♂ in museo D-ris Staudinger.

La tête velue est couverte de poils longs et gris; les antennes courtes, pas encore la moitié du bord costal, ont 18 articles; le premier (large) et les trois derniers n'ont pas de barbules, celles-ci sont distantes et diminuent en longueur vers le milieu; la hampe est grise. Les pseudopalpes sont courts et se composent de poils gris et bruns. Le thorax et l'abdomen sont noirs et couverts de poils blanc-grisâtres assez longs. Les pattes portent aussi des poils de la même couleur, mais plus courts.

Les ailes antérieures sont relativement larges, soyeuses et grises à reflet jaunâtre, les veines et les bords sont brunâtres. La frange est longue et d'un gris blanchâtre luisant. L'apex et l'angle externe sont arrondis. Par rapport à la nervula-

tion je crois qu'il y a une anomalie, car le spécimen unique
n'a que huit nervures marginales. Je crois que 2 et 8 manquent
accidentellement.—A mon grand regret, ayant seulement cette
pièce à examiner, le doute reste.—La cellule discoïdale a cela
de particulier, que la nervure qui la divise, ne naît pas de
la base, mais du milieu de la sous-costale.

Les ailes postérieures sont plus allongées, à bords arrondis, l'apex et l'angle anal sont à peine visibles. Elles ont
le nombre normal de 7 nerv.

Un seul ♂ très frais, de l'Oural méridional dans le musée
du Dr. Staudinger.

J'ai dédié cette espèce nouvelle à M. le chev. P. Millière,
qui m'a rendu des services signalés, lui aussi, par rapport aux
Psychides, en me faisant parvenir à l'étude un matériel im-
mense de spécimens, vivants et préparés, pris dans les Alpes
Maritimes et ailleurs.

12. Bijugis Alpherakii m. (Pl. IX. fig. 10 ♂ grossi).
Staudinger. Stett. Ent. Zeit., 1881, pag. 403, *Nocturnella* var. (minima dubiosa).

Alphéraky. Lép. du District de Kouldja, Horae Soc. Ent. Ross. T. XVII, pag. 34 (20). *Fumea Rouasti* Heyl.

Heylaerts. Compte-rendu. Soc. Ent. Belge, 3 Mars 18〜3, pag. XLVII.

*Mas. Laete flavo-griseus. Capite antice posticeque pilis ob-
scure-griseis obtecto; antennis fuscis ad apicem pectinatis, ciliis
brevioribus crassis, 24 articulatis; pseudopalpis obscure-griseis,
brevibus; thorace abdomineque pilis griseis obtectis; appendicibus
genitalibus flavis.*

*Pedibus flavo-griseis, breve hirtis, tibiis tarsisque nudis;
tibiis anterioribus spina magna tibiam tamen non superante.*

*Alis anterioribus elongatis, dense squamulis pilosis pilisque
flavo-griseis obtectis; alis posterioribus subpellucidis elongatisque.
Ambo apice subrotundato. Fimbriis albidis nitidisque longioribus.*

Alis anterioribus costis liberis 10; posterioribus 7.

Exp. al. 13—15 mm.—Larva feminaque ignotæ. Habitat: Kuldscha apud pagum Kaïnak, in proximitate fluminis Ili situm, et apud Saïsan prope a flumine Dschemine.

A première vue cette petite espèce ressemble beaucoup à l'*E. Millierei* m., mais elle en diffère assez quand on l'examine minutieusement. Elle appartient à mon genre *Bijugis*.

La tête, couverte de poils gris brunâtres, porte des antennes plus fortes, ayant 24 articles; la hampe et les barbules sont brunâtres. Les pseudopalpes ont les poils comme la tête et sont courts. Le thorax et l'abdomen sont noirs et portent, comme les hanches et les fémurs, des poils gris. Les tibias ont des poils beaucoup plus courts de la même couleur; les antérieurs ont une grande épine tibiale aussi longue que le tibia correspondant. Les tarses sont nus. Les tibias postérieurs sont très renflés et longs et ont, comme la précédente, deux paires d'éperons mais plus longs et plus effilés.

Les ailes antérieures, dont la coupe rappelle un peu celle de la *Fumea Sepium* Speyer, sont beaucoup plus allongées que celles de l'espèce précédente et, par conséquent, les cellules discoïdales et interposées le sont également. L'apex est beaucoup moins arrondi, quoique l'angle externe soit encore effacé. Elles ont 10 nerv. libres. La frange en est blanche, jaunâtre et luisante.

Les ailes postérieures sont assez étroites, ont l'apex et l'angle anal à peine visibles, mais leur frange blanche et luisante est assez longue. Elles ont 7 nerv. libres et leur cellule discoïdale est divisée en deux portions, dont la postérieure est au moins deux fois plus large que l'antérieure.

J'ai dédié cette *species nova* à M. Serge Alphéraky, le courageux explorateur de Kouldja et l'auteur savant du travail superbe sur les lépidoptères de ce district. Je lui dois quelques Psychides de cette contrée lointaine, c. a. l'espèce que je viens de décrire.

13. Bijugis proxima Led. (Pl. IX. fig. 9).

Lederer. Verhandl. d. zool.-bot. Vereins in Wien, 1853, p. 386, tab. 5. fig. 7.

Parmi les espèces assez légèrement et superficiellement caractérisées par feu Lederer, celle-ci tient le premier rang. Quand on y ajoute, que la figure en est rude et à peine reconnaissable, je ne crois pas faire un travail inutile en la décrivant de nouveau et en donnant une bonne figure de cette espèce russe très intéressante.

Lederer la compare à l'*Epichopteryx Pulla* Esp.; „sie ist", dit-il „$^1/_3$ grösser als *Pulla*, die Kammzähne der Fühler kürzer, mehr abstehend und regelmässiger gestellt, alles Uebrige wie bei *Pulla*".

Je ne suis pas de son avis, elle diffère beaucoup de cette dernière espèce.

Proxima a une envergure de 20 — 22 mm. La tête est petite, les yeux sont grands. Les antennes sont passablement longues, $^1/_2$ du bord costal, ont 28 articles, dont 25 ont des barbules, qui diminuent lentement (du milieu vers le sommet) en longueur; leur couleur, comme celle de la hampe, est un brun assez foncé. Les pseudopalpes sont courts, touffus et d'un gris noirâtre. Le thorax et l'abdomen, grêles mais très velus, sont couverts de poils bruns très foncés; le dernier segment abdominal en dessus, et tout le dessous, est plus clair. Les pattes assez longues, sont extérieurement noirâtres, du côté interne plutôt jaune-brunâtres, les tarses sont jaune-grisâtres.

Les tibias antérieurs portent une épine tibiale très longue; les postérieurs sont très longs et très renflés. Les éperons des 2-e et 3-e paires des pattes sont comme chez ses congénères.

Les ailes antérieures sont allongées, beaucoup moins larges à la base; elles s'élargissent lentement vers le bord externe. Le bord costal est un peu recourbé, l'interne presque droit et un quart moins long que le précédent; l'externe, comme aussi l'angle et l'apex, arrondi. Elles ont 11 nervures libres. (*Pulla* en a 10 au maximum). La cellule discoïdale est longue et l'interposée assez large. La frange est brune-jaunâtre et luisante.

Les ailes postérieures sont également allongées. L'apex est indiqué, mais l'angle anal est presque invisible. Elles ont 7 nerv. libres. La frange est comme celle des ailes antérieures.

En somme, quoique la *Proxima* ressemble un peu à *Pulla* Esp., la différence est toujours assez grande pour en motiver le classement parmi les espèces du genre *Bijugis*, dont elle a tous les caractères. La chenille, son fourreau et la femelle sont inconnues.

Les trois ♂ ♂, les seuls, de la collection Lederer, maintenant dans le musée du Dr. Staudinger, furent pris dans la Sibérie occidentale (Altaï). Plus tard on en a mentionné la capture en Italie; à moins de l'avoir vue je n'y crois pas. (Vide Bulletino della Soc. Ent. Ital., XV. p. 296. A. Curo, Notizie lepidotterologiche) [1]).

14. Fumea Rouasti m. (Pl. IX. fig. 11 ♂ grossi).
Heylaerts. Compte-rendu. Soc. Ent. Belge, 4 Oct. 1879, pag. CXL.
Staudinger. Stett. Ent. Zeit., 1881, pag. 404.

Mas. Parvus; antennis bipectinatis griscis; alis fuliginoso-griseis dense squamatis pilosisque, oblongis, ciliis albidis nitidis. Alæ anteriores costis 11 liberis, cellula media cellula intrusa longissima; alæ posteriores costis 7. Fimbriis albidis longioribus

---

[1]) Je possède une Psychide *(Bijugis)* prise à Coorba Van, près de la grotte de glace bien connue, par le Dr. Steffek de Budapest. La nervulation, les antennes, la coupe des ailes etc. correspondent exactement à celles de *B. Proxima* Led. Le spécimen est tellement fruste, qu'il ne possède plus ni écailles, ni poils, ni frange. Je l'ai déterminé en conséquence: *B. Proxima* Led. (?). Il fut pris le 28 Juin 1881.

*nitidis. Thorace abdomineque nigris grisco-villosis. Pedibus ca-
nis; tibiis posterioribus latis, compressis; tibiis anterioribus spina
permagna.*

Exp. al. 12—14 mm.—Eruca feminaque ignotæ. Habitat:
Ala-Tau (reg. Leska, Turkestania Rossica).

3 ♂♂ in museo D-ris Staudinger, quos cepit Haberhauer
5. VI. 1877.

Le Dr. Staudinger dit (l. c.) en référant cette espèce,
qu'elle est „eine intricate Art", et qu'il me laisse le soin
d'en défendre les droits spécifiques. Effectivement ce n'est pas
bien facile de trouver son chemin parmi les *Fumeae*, qui se
ressemblent tellement, qu'à première vue on dirait qu'il n'y
ait qu'une seule et même espèce. Ce n'est qu'une étude sérieuse
et minutieuse de quelques centaines de spécimens des espèces
différentes, qui peut donner la lumière nécessaire

F. Rouasti a la coupe des ailes de *F. Sepium* Speyer,
mais elle s'en éloigne immédiatement par la nervulation, qui
ressemble à celle de *F. Betulina* Z.

La tête est noire et couverte de poils gris-brunâtres; la
même couleur ont les pseudopalpes assez courts. Les antennes, $^1/_2$ du bord costal, ont la hampe grise, les barbules plus
foncées et plus courtes que la *F. Betulina* Z.

Le thorax et l'abdomen noirs sont couverts de poils gris.
Les pattes, dont la 2-e paire est démesurément longue, ont
les hanches et les fémurs couverts de poils grisâtres; les tibias antérieurs ont une épine très longue; les postérieurs
sont très longs, très larges, comprimés et blanchâtres et ont
deux paires d'éperons très forts.

Les ailes antérieures sont allongées et étroites, à apex
un peu plus arrondi que celui de *F. Sepium* Speyer. Elles
sont velues et squammeuses. Les écailles sont d'une coupe bien
différente de celles de ses congénères les plus proches, c.-à -d.
elles sont beaucoup plus étroites et plus courtes. La couleur

est un gris fuligineux très clair. La nervulation est, comme je l'ai dit, celle de *F. Betulina* Z., mais la cellule discoïdale en diffère par la coupe, qui est plus étroite et plus allongée, et la cellule interposée, qui est très longue. La frange est blanche jaunâtre et luisante, plus longue que celle des espèces connues.

Les ailes postérieures, allongées et étroites aussi, sont de la même couleur insolite, mais .moins densément velues et squammeuses. Leur frange est également très longue et plus blanchâtre. Elles ont 7 nervures libres.

Remarques.

1. Epichnopteryx Nocturnella Alphéraky (Pl. IX. fig. 6, ♂ grossi).

Alphéraky. Troudy d. l. Soc. Ent. Russe. T. VIII, 1876. p. 175.

L'auteur en donne la diagnose suivante: „*Fumea nocturnella* nov. spec. (aut *F. Sapho* Mill. var.?) ♂ antennis crassis, bipectinatis, thorace abdomineque brunneo nigris fere nudis; alis grisescentibus, vel albidis, subdiaphanis, margine tenuissimo brunneo; fimbria lutescente cinerea. — 16—18 mm. Circa Taganrog frequens. Majo".

L'auteur la compare avec *E. Sapho* Mill. Je l'ai suivi en comparant quelques exemplaires très frais, que lui-même m'a fait parvenir, et deux autres, reçus du Dr. Staudinger, avec plusieurs specimens *ex larva* de la première espèce de ma collection. Voici les différences constantes, que j'ai trouvées.

Sapho Mill. est plus fortement bâtie; mon plus petit exemplaire mesure 18 mm. d'envergure. Les antennes ont les barbules plus courtes; la couleur des ailes est plus foncée et la frange est plus brunâtre et luisante. Par contre *Noctur-*

nella Alph. est plus faiblement bâtie, le thorax et l'abdomen étant plus minces, et un de mes exemplaires (du Dr. Staudinger) n'a que 15 mm. d'envergure. Les barbules des antennes sont un peu plus longues; les ailes sont plus diaphanes et d'un gris plus jaunâtre; la frange est plus blanchâtre et luisante. La nervulation ne diffère pas. En y ajoutant que la coupe des ailes des deux espèces est aussi différente: celles de *Sapho* Mill. étant généralement plus larges que celles de l'*E. Nocturnella* Alph., qui plutôt ressemblent, en grand, à celles de l'*E. Nudella* O., je crois devoir l'accepter comme espèce séparée, ou, au moins, comme espèce Darwinienne de la première. Elle prendra place entre la dernière nommée et l'*E. Sapho* Mill.

2) Hormis les espèces russes, décrites par moi, j'ai examiné encore les suivantes:

1. **Oreopsyche Mediterranea** Led. (Caucase méridional).
2. **Oreopsyche Atra** L.=**Plumifera** O. (Saïsan):
3. **Gymna Hirsutella** Hübn. (Amour).
4. **Epichnopteryx Ardua** Mann. (Caucase méridional) et
5. **Fumea Betulina** Z. (Amour).

Toutes sont de la collection Staudinger, de laquelle j'ai eu aussi à vérifier un fourreau remarquable, parfaitement inconnu et provenant de Saïsan (Vide: Staudinger, Stett. Ent. Zeit., 1881, pag. 403). Il est figuré Pl. IX. fig. 12. Sa longueur est de 30 mm., il est large au milieu 12 mm. et de forme ovoïde. Il est couvert de tiges et de feuilles sèches d'une graminée plus ou moins grosses et appliquées transversalement, mais d'une manière irrégulière. Par-ci, par-là se trouve un morceau de bois ou d'écorce. Puisse l'habitant de cette demeure si singulière être trouvé bientôt!

Il me reste à nommer les dessinateurs des 30 figures, qui accompagnent mon petit travail.

Toute la planche X a été dessinée par M. l'avocat A. Brants, l'artiste-entomologue, si connu par ses illustrations superbes de l'ouvrage de Sepp et des Annales de la Société Entomologique Néerlandaise. Je lui dois des remerciments bien sincères.

M. le professeur Dr. J. van Leeuwen Jr., de Leyde, a dessiné les figures 4, 5, 6, 8, 9 et 12 de la planche IX, tandis que les autres, 1, 1a, 1b, 1c et 1d, 2, 3, 7, 10 et 11 ont été peintes par M. A. J. Wendel, de Leyde aussi.

Il faut que je remercie chaleureusement M. le professeur J. van Leeuwen Jr., qui, appelé à succéder au professeur Cobet, le célèbre helléniste, venait seulement de prononcer son discours inaugural, et qui, accablé de besogne, n'a pas hésité à me prêter l'appui de son talent, pour que je fusse prêt à temps.

Bréda. 12/24 Octobre 1884.

DESCRIPTION

D'UN NOUVEAU GENRE DE PYRALIDES

PAR

P. C. T. SNELLEN.

(Planche XI).

Il y a quelque temps, M. le Dr. Staudinger m'envoya, sous le nom d'*Euxestis* (?) *Miraculosa*, un exemplaire d'une espèce inédite de lépidoptère. M. Staudinger, en me faisant parvenir cet insecte, me disait aussi que, ne possédant lui-même cette espèce que depuis peu et n'ayant pas eu le loisir de l'examiner avec attention, ce n'était que provisoirement qu'il la rangeait dans le genre *Euxestis* Led., qui fait partie des Bombycides et est voisin de *Nola*. Cette remarque fut un motif pour moi de regarder ma nouvelle acquisition de plus près et c'est le résultat de cet examen, que j'ai le plaisir de publier ici, en y joignant une description de l'insecte et les figures que M. le Dr. Brants a encore eu l'extrême obligeance d'exécuter pour moi.

Le lépidoptère (Hétérocère), qui fait le sujet de cette note, appartient, non aux Bombycides, mais aux Pyralides. Les trois nervures abdominales des ailes postérieures, jointes à une seule nervure interne des ailes antérieures et le parcours

13*

tout spécial de la nervure sous-costale des ailes postérieures, qui s'approche de très près de la nervure 7-e et s'y soude même complètement sur un espace d'environ un millimètre, fout voir bientôt qu'on doit placer l'espèce parmi celles de la dernière famille. Comme la nervule 7-e des ailes antérieures est bien visible, la sous-costale des secondes ailes soudée partiellement à la nervule 7-e, la disco-cellulaire de ces mêmes ailes entière et courbée en arc, je suis d'avis que la place de l'espèce est parmi les *Botydæ* (voir: *Vlinders van Nederland, Microlepidoptera. p. 9 et 10 et Mémoires sur les Lépidoptères. I. p. 155 etc.*). Maintenant, c'est le travail classique de M. Lederer sur les Pyralides, connu et apprécié de tout entomologiste s'occupant de l'étude des lépidoptères, qui doit nous guider afin de préciser de près la position de la *Miraculosa*. En l'étudiant à l'aide de la table analytique des genres, que donne M. Lederer, on voit que l'espèce vient se ranger dans la division 10-e de cette table (Rippe 4 und 5 der Vorderflügel gestielt) et que là, comme les nervules 4 et 5 des ailes postérieures ne sont pas pétiolées (la 5-e est d'ailleurs présente), c'est au genre 20-e, *Anæglis* Led., qu'il faut la comparer. On aperçoit alors, il est vrai, des affinités, mais aussi plusieurs différences considérables. La structure du papillon est analogue à celle de l'*Anæglis Demissalis* Led.; comme cette espèce, il rappelle les *Asopia* [1]), les ocelles manquent aussi, mais la trompe est distincte, forte et roulée. On ne voit pas de tubercule *derrière* la base des antennes, mais on découvre une dent horizontale composée d'écailles *en avant* de cette base. Les antennes sont aussi courtes mais garnies de barbes assez longues. Quant à la nervulation, les nervules 4 et 5 des ailes postérieures ne sont pas séparées, mais prennent leur ori-

---

[1]) Mais non pas le genre *Hypena*, comme dit Lederer de l'*Anæglis Demissalis*.

gine avec la nervule 3-e d'un point commun. En passant, je dois relever ici une inexactitude dans la description des caractères du genre *Anœglis* par M. Lederer. Dans la table analytique il dit (Division 12) „Rippe 4 und 5 der Hinterflügel weit von cinander entspringend", en nous renvoyant à la planche II. fig. 8, où cet éloignement, d'ailleurs très-remarquable, est clairement indiqué, mais dans la description plus détaillée du genre (Voyez: *Beitrag zur Kenntniss der Pyralidinen. p. 55*), il s'exprime erronément en disant: „Hinterflügel: 2—4 weit gesondert, 5 *auf langem Stiele mit 4.*"

Il me semble que les différences indiquées par moi suffisent pour motiver encore—je devrais dire plutôt pour excuser encore—la formation d'un nouveau genre dans la famille des Pyralides, et j'espère que mes confrères en lépidoptérologie l'agréeront.

Quant au nom, je propose celui de:

Xestula

que je crois encore inoccupé. Je vais maintenant décrire plus au long les caractères du genre et de l'espèce.

Taille moyenne, structure quelque peu robuste, comme les *Asopia* Led. Yeux gros, pas d'ocelles. Palpes labiaux courts, seulement d'un quart plus longs que la tête, s'avançant en bec obtus, à articles indistincts, lisses, revêtus d'écailles assez grosses. Palpes maxillaires courts, filiformes, cachés sous le toupet frontal, qui descend assez bas, est court et s'avance un peu en forme d'auvent. Face assez plate. Antennes courtes, n'ayant que deux cinquièmes de la longueur des ailes antérieures; elles ont des barbes assez longues jusqu'à la moitié, diminuant ensuite rapidement; le dernier quart de la tige en est dégarni, la base est ornée d'une dent en écailles, dirigée horizontalement en avant. Thorax un peu aplati, revêtu d'écailles longues et lisses; le collier et les épaulettes (ptérygodes) normaux.

Ailes assez allongées, les premières à angles bien distincts, leur bord postérieur courbé, assez oblique, rentrant même un peu sous la nervule 2-e; bord intérieur avec une ondulation assez forte. Secondes ailes (ou postérieures) à peine plus larges que les antérieures, de même à angles assez distincts, le bord postérieur arrondi régulièrement, à bord intérieur ou abdominal d'un tiers plus court que le bord antérieur. Le dessin des premières ailes consiste en deux lignes plus claires que le fond, assez rapprochées; les secondes sont presque sans dessin et la frange est assez courte, partout d'une égale longueur.

Ailes antérieures à 12 nervures; 1-e dans l'angle anal, sous sa base la nervure rudimentaire que possèdent les *Botydæ*. Cellule discoïdale un peu plus longue que la moitié de l'aile; la 2-e nervule naît aux trois quarts de son bord intérieur; 3 et la courte tige de 4 et 5 émergent de son angle anal, 6 et la tige de 7—10 de son sommet, 7 aboutit dans le bord postérieur, 8 — 10 dans le bord antérieur de l'aile. La nervule 11 vient des trois quarts du bord antérieur de la cellule et est très horizontale.

Dans les ailes postérieures la cellule discoïdale est plus courte; son bord antérieur n'atteint que le tiers de l'aile, la nervule disco-cellulaire est entière, courbée, oblique. L'angle anal de la cellule, qui atteint presque le milieu de l'aile, est donc assez pointu. Nervule 2-e comme dans les antérieures, 3—5 d'un même point, 7 et 8 soudées complètement sur un espace d'environ un millimètre.

Les ailes ne présentent pas de signes distinctifs en forme de bourrelets, vésicules ou autres; mais aux deux côtés de la poitrine, non loin de l'implantation des ailes antérieures, se voient deux faisceaux de poils longs et soyeux.

Pattes fortes, un peu courtes; les cuisses et les tibias avec une vestiture assez épaisse d'écailles grossières.

Abdomen (du mâle) assez fort, obtus, ne dépassant pas l'angle anal des ailes postérieures, le dos caréné avec une touffe d'écailles sur le premier anneau.

Je ne connais pas la femelle, mais comme dans la famille des Pyralides les caractères propres au mâle déterminent sa position sociale, c. à. d. le genre, et que je présume que la nervulation ne différera point, j'en conclus, que cette connaissance ne m'est pas absolument nécessaire.

L'espèce doit conserver le nom que lui a appliqué M. le Dr. Staudinger „in literis", savoir:

Miraculosa.

Envergure 29 mm.

Palpes, tête et tige des antennes d'un brun terreux un peu luisant; barbes des antennes plus noirâtres. Thorax d'un brun terreux un peu luisant comme la tête, mais pas tout-à-fait aussi foncé. Telle est aussi la couleur de l'espace basilaire et du dernier tiers des ailes antérieures. Vers le sommet, l'espace terminal a un reflet cuivré. Ces espaces sont d'ailleurs sablés de fines écailles noirâtres, de même que le champ médian, qui est assez étroit et n'occupe pas complètement le second tiers de l'aile. Il est en outre plus clair que les deux autres, d'un brun pâle, légèrement nuancé de violâtre, marqué de deux points noirs sur la discocellulaire et limité par les deux lignes médianes distinctes, non ondulées, un peu obliques et encore plus claires (grisâtres) que l'espace médian. La première ligne est arquée assez fortement, la seconde presque droite. La demi-ligne et la subterminale (ligne ondulée, Wellenlinie) manquent. Bord terminal finement liseré de ferrugineux. Frange d'un gris strié de noirâtre, au bout des nervules à reflet roussâtre.

Ailes postérieures d'un gris foncé, unicolores sauf la trace d'une ligne médiane obscure. Frange un peu plus claire avec une fine ligne noirâtre vers la base.

Dessous des premières ailes d'un gris-noirâtre, celui des ailes postérieures plus clair que le dessus; le dernier tiers, à partir d'une ligne foncée commune, est fortement nuancé de brun ferrugineux. Frange des ailes postérieures plus claire qu'en dessus.

Abdomen de la couleur des ailes postérieures, la touffe dorsale et deux faisceaux de poils de chaque côté de la brosse anale sont d'un brun très foncé et velouté.

Cuisses et tibias d'un brun terreux, tarses jaunâtres. Bouquet de poils à la base des ailes antérieures et poitrine d'un gris jaunâtre.

Pays de la rivière Amour.

Explication de la Pl. XI.

1. *Xestula Miraculosa*, fortement grossie.
2. Indication de la grandeur naturelle.
3. Le dessous.
4. La nervulation.
5. La tête avec les antennes etc.
6. Trois articles des antennes, encore plus fortement grossis.
7. Dessous du corps avec le bouquet de poils à la poitrine.

Schmetterlinge aus Nord-Persien.

von

H. CHRISTOPH.

(Planches XII et XIII).

1. Pieris Iranica Bienert. (Pl. XII. fig. 1 a, b, c).
Diese Art ist von Bienert in seiner Dissertation: *Lepidopterologische Ergebnisse einer Reise in Persien in d. J. 1858 u. 1859
S. 27* beschrieben worden. Sie zeigt sich nur vorübergehend
und ist dann nicht selten. Nur im Jahre 1873 gelang es mir,
sie zu fangen; sie flog im Mai bei Schahrud.

2. Colias Aurorina var. **Libanotica** Ld. aberr. ♂ (Pl.
XII. fig. 2).
Ich fing diese ausgezeichnete Aberration 1870, oberhalb
des Dorfs Hadschyabad, in zwei fast gleich dunklen Exemplaren. In späteren Jahren habe ich sie nicht wieder an-
getroffen, so dass die Vermuthung nahe liegt, dass meteorologische Verhältnisse nicht ohne Einfluss auf das Variiren der
Färbung sind.

3. Melitæa Maracandica Stgr. var. **Saxatilis** Chr.
(Pl. XII. fig. 3). — Als ich diese hochalpine Art in den *Horæ
Soc. Ent. Ross. T. X. p. 28* kennzeichnete, hielt ich sie für

eine Varietät von *Didyma*. Staudinger zieht sie aber, und mit Recht, als Localvarietät zu seiner *M. Maracandica* und benannte sie *Persica*.

4. Zygæna Ecki Chr. (Pl. XIII. fig. 1).

Diese Art ist von mir in den *Horæ Soc. Ent. Ross. T. XVII. p. 123* beschrieben worden.

5. Bombyx Acanthophylli Chr. (Pl. XIII. fig. 2 a, b, c, d).

Dieser Spinner ist von mir auch in den *Horæ Soc. Ent. Ross. T. XVII. p. 124* beschrieben worden. Die dargestellte Pflanze ist *Oxytropis pumila*.

6. Megasoma Alpherakyi n. sp. (Pl. XIII. fig. 3 a, b).

Antennis ♂-is brevibus lutescentibus fusco-bipectinatis; capite, thorace, exceptis scapulis, lutescentibus. Alis anticis angustis, dilute brunnescente-griseis, fascia media lata badia terminata strigis duabus lutescentibus, interna oriente e medio costæ, recurvata ad angulum (¹/₃ costæ), nunc autem subperpendiculari exeunte in marginem inferiorem lutescentem, externa obliqua, bidentata, subsinuosa; posticis badiis, macula anguli analis albida, fimbriis lutescentibus.

1 ♂. Exp. al. ant. 16 mm.

Ich habe mit der Veröffentlichung dieser interessanten Art bis jetzt gezögert, in der Hoffnung, zu diesem ♂ auch noch das ♀ zu erhalten; leider ist dieselbe nicht in Erfüllung gegangen.

Der *M. Repanda* Hb. steht dieser schöne Spinner natürlich am nächsten, doch zeigt allein schon die Gestalt der Vorderflügel sehr erhebliche Unterschiede. *Repanda* hat stets breitere, fast dreieckige Vorderflügel.

Die Palpen sind unter dichter, an den Seiten rothbrauner, oberseitig gelblichweisser Beschuppung verborgen. Die sehr

kurzen Fühler mit anfangs dicker, bald aber dünner werden-
den Geissel von gelblichweisser Farbe, haben zwei Reihen
rostfarbener Kammzähne. Brust und Bauch sind gelblichweiss [1]);
Schienen und Tarsen braun; Kopf und Thorax gelblichweiss,
Schulterdecken rothbraun. Hinterleib rothbraun, an den Seiten
und z. Th. die Afterbehaarung gelblichweiss.

Vorderflügel gestreckt, mit leicht abgerundeter Spitze. Hinterrand in der Mitte mit einer seichten Einbuchtung und sehr
eingezogenem Innenwinkel, wodurch der Flügel viel schmäler,
als bei *Repanda* erscheint. Die Grundfarbe ist ein angeneh-
mes helles Braun, das freilich nur im Saumfelde unvermischt
erscheint. Der Basal- und Mittelraum sind grossentheils von
einem schönen, bald helleren, bald dunkleren Kastanienbraun
ausgefüllt. Von den beiden, das Mittelfeld einschliessenden Querlinien, hat die innere einen eigenthümlichen Verlauf. Sie beginnt nämlich bei reichlich $^1/_2$ des Vorderrandes und macht
sogleich einen kleinen Bogen, der einen kleinen braunen Mittelpunkt umschreibt und ihn an seinem unteren Ende berührt;
dann verläuft sie rückwärts. parallel dem Vorderrande, macht
bei $^1/_4$ des Vorderrandes einen rechten Winkel und geht nun
fast perpendiculär und kaum etwas gebogen in den, in ziem-
licher Breite gelblichweissen Innenrand. Die äussere Querlinie
verläuft im Allgemeinen parallel dem Aussenrande, bildet bald
einen wenig vorspringenden, abgestumpften Zahn und einen
zweiten grösseren in nicht allzu grossem Abstande von ersterem; ausserhalb des letzteren befindet sich ein kleines braunes
Fleckchen. Dann biegt diese Querlinie einwärts und trifft, fast
senkrecht, den Innenrand, nicht weit vor dem Innenwinkel.
Vom Mittelraum heben sich diese Querlinien durch dunkelbraune Färbung ab. Nach aussen ist die äussere, nach innen
die vordere bald breiter, bald schmäler gelblichweiss begränzt.

---

[1]) Bei *Repanda* ist die Unterseite einfarbig braun.

Hinterflügel dunkel braunroth, am Innenwinkel mit einem gelblichweissen Fleck. Franzen aller Flügel gelblichweiss.

Unterseite etwas lichter braunroth. Vorderflügel am Innenrande, ein Streifen am Vorderrande und der obere Theil der hinteren Querbinde gelblichweiss.

Von diesem schönen Spinner fand ich an einem *Lycium*, welches in der weiteren Umgebung von Schahrud in einer Schlucht verwitterter Kalkhügel wuchs, drei Raupen, von denen ich eine der Präparation opferte. Das hat mich nun wohl um das ♀ gebracht, setzt mich aber in den Stand, nach dem Präparate eine Beschreibung der Raupe zu geben.

Sie ist 52 mm. lang und 8 mm. dick. Die Färbung ist oben ein leicht röthliches Grau. Mundtheile lichtbraun. Kopf rothgrau, mit weisslicher, nicht dichter Behaarung. Die drei vordersten Glieder haben an den Seiten längere Warzen, mit grösseren, weisslichen Haarbüscheln. Auf dem 2. und 3. Gliede befinden sich breite, sammtschwarze Querflecke, die auf beiden Seiten oberhalb rothbraun begränzt sind. Unter dem Rücken zieht sich ein breiter, dunklerer Streifen, der aus feinen, schwarzen Strichelchen besteht. Sie wird durch eine weissliche Dorsale getheilt; ausserdem befindet sich auf der Mitte eines jeden Segmentes, zu beiden Seiten dieser Rückenlinie eine kleine Warze, welche weiss, unterwärts schwärzlich umschrieben ist. Ausser der kürzeren, etwas dichteren Behaarung, sind, besonders auf den Warzen, längere Haare. Die Füsse sind hellbraun. Der Bauch hat eine mehr rothgelbe Färbung. Vom 4. Segment an ist auf jedem ein dunkelbrauner Doppelfleck und vor diesem ein gelblicher, oft sich bis zum folgenden fortsetzender Fleck oder Strich. Die Bauchfüsse und Nachschieber haben die röthlichgelbe Färbung des Bauches.

Ich fand die Raupen am 13. Juni; der Schmetterling entwickelte sich am 1. Juli. Leider habe ich versäumt über das Gespinnst und die Puppe Notizen zu machen.

7. Clidia Excelsa n. sp. (Pl. XIII. fig. 4).

Alis anticis lutescente-brunneis, albide admixtis, strigis ambabus brunneis, antica subperpendiculari denticulata, postica dentata subrecta, in area media maculæ albæ, una in excavatione strigæ posticæ, altera rotundata ad strigam anticam, altera elliptica interrumpens strigam anticam; ciliis lutescentibus, brunneo-alternatis; posticis lutescente-albidis.

1 ♀. Exp. al. ant. 18 mm.

Sie ist durch ihre ausgezeichnete Grösse von den beiden anderen Arten dieser Gattung sofort zu unterscheiden.

Es ist leider nur ein einziges ♀, nach welchem ich diese Art aufstellen kann. Ich fing dasselbe bei der Lampe in Schahkuh, in Nordpersien, am 5. Juli. Die Art ist, so viel mir bekannt, von Reisenden, die nach mir in jener Gegend waren, nicht wieder gefunden worden.

Die Palpen liegen fast horizontal, also ähnlich, wie bei *Cl. Geographica* F. Das Mittelglied ist hellgelb behaart, weniger rauh, als bei *Geographica*. Das Endglied ist leicht gebräunt, etwas zugespitzt und dicht mit Schuppen bekleidet. Brust, Schenkel und Schienen mit lockerer hellgelber Behaarung. Bauch röthlichgelb. Fühler fadenförmig, rostbraun; Bewimperung nicht bemerkbar. Kopf und Thorax hellgelb. Hinterleib gelblichweiss.

Die Flügel haben eine ähnliche Gestalt, wie die von *Geographica*. Die Vorderflügel sind gelb, etwas bräunlich und weissgelb gemischt. An der Basis sind die Flügel weiss; eine halbe gelbbraune wellige Querlinie schneidet das Weiss, in dem noch einige kleine gelbbraune Punkte stehen, ab. Von den beiden, das Mittelfeld einschliessenden Querlinien ist die vordere nur sehr wenig gekrümmt und stumpfzähnig; die hintere, die ebenfalls fast gerade ist, hat, nicht weit von ihrem Austritt aus dem Vorderrande, einen abgestumpften Zahn; sie durchläuft dann ein kurzes Stück senkrecht und bildet, etwas vor halber Flügelbreite, eine rundliche Ausbuchtung, in welcher auf der Innenseite ein weisser, wurzelwärts verlöschender Fleck liegt. Sie setzt dann, unter Bildung einiger stumpfer Zähne bis zum Innenrande fort. Die weiss ausgefüllte Ringmakel liegt an der vorderen Querlinie an; unter jener, in der vorderen Querlinie und dieselbe unterbrechend, befindet sich ein elliptischer, etwas grösserer, weisser, scharf umschriebener Fleck.

Im Limbalraume wechselt Dunkelgelb mit Gelblichweiss. Die Franzen sind regelmässig abwechselnd braungelb und gelblichweiss.

Hinterflügel einfarbig gelblichweiss, mit gleichen Franzen.

Auf der weissgelblichen Unterseite sind am Vorderrande, gegen die Spitze hin, zwei braune Schrägstriche und daran schliesst sich ein grösserer, eckiger bräunlicher Fleck. Besonders deutlich sind die braun und hell abwechselnden Franzen. Auf den Hinterflügeln erkennt man einen kleinen bräunlichen Mittelpunkt und zwei sehr verloschene Binden gegen den Saum hin.

8. Agrotis Degeniata Chr. (Pl. XII. fig. 4).

Diese Art ist in den *Horæ Soc. Ent. Ross. T. XII. pag. 244. pl. VI. fig. 18.* beschrieben und abgebildet worden; dennoch erschien eine nochmalige Abbildung dieser *Agrotis* sehr wünschenswerth.

9. Agrotis Stabulorum Bienert. (Pl. XII. fig. 5).
Bienert. Lepidopterologische Ergebnisse etc. pag. 34.

Der Autor nennt die Färbung „schmutzigrothgrün", ich möchte sie lieber als lehmgelb bezeichnen. Ich fand den Schmetterling bei Schahkuh unter Steinen.

10. Agrotis Mustelina Chr. (Pl. XII. fig. 6).

Diese Art ist von mir in den *Horae Soc. Ent. Ross. T. XII pag. 249* beschrieben worden; die Abbildung daselbst auf

Taf. VI, fig. 22 ist ganz ungenügend. Bis jetzt scheint diese bei Schahkuh nicht seltene Art anderwärts noch nicht gefunden zu sein.

11. Noctuelia Alticolalis Chr. (Pl. XII. fig. 7).

Die Beschreibung und Abbildung dieser Art findet sich gleichfalls in den *Herae Soc. Ent. Ross. T. XII. pag. 268. Taf. VII. fig. 39;* die Abbildung ist leider ganz unbrauchbar. Dieser bei Schahkuh, in bedeutender Höhe vorkommende Zünsler setzt sich, wie die meisten seiner Gattungsverwandten, fast nur auf kahle Erdstellen.

Verzeichniss von Schmetterlingen

AUS

CENTRAL - SIBIRIEN.

VON

N. ERSCHOFF.

(Planche XVI).

Die Arten des nachfolgenden Verzeichnisses wurden seiner Zeit von mir in verschiedenen Schriften, den *Horæ* und *Trudy der Russ. Ent. Ges.* und dem *Bulletin de Moscou*, characterisirt; dieselben gehören fast ausschliesslich der Irkutsker Fauna an. Schon seit längerer Zeit beabsichtigte ich einen vollständigen Catalog der in Irkutsk und Umgegend vorkommenden Lepidopteren unter Beifügung der Abbildungen neuer, von mir beschriebener Arten, zu veröffentlichen und liess in Folge dessen auch die Abbildungen anfertigen.

Verschiedene Umstände haben die Ausführung dieser Absicht leider jahrelang verzögert und würden die erwähnten Originalzeichnungen wohl noch jetzt unbenutzt der Veröffentlichung harren, wenn nicht Seine Kaiserliche Hoheit der Grossfürst Nikolai Michailowitsch, der erlauchte Förderer der Lepidopterologie in Russland, sein hohes Interesse dieser Angelegenheit zugewandt hätte.

Auf Wunsch Höchstdesselben ist nunmehr ein Theil dieser Zeichnungen zur Veröffentlichung in diesem zweiten Bande der „Mémoires" bestimmt worden, während der noch übrige Theil in einem der folgenden Bände erscheinen soll.

Hier folgt nun die Aufzählung der auf Pl. XVI dargestellten Arten:

Erebia Dabanensis Ersch. (Pl. XVI. fig. 1. ♂).
Horae Soc. Ent. Ross. T. VIII, pag. 315.

Von dieser Art, welche l. c. von mir diagnosticirt wurde, befindet sich jetzt nur noch ein männliches Exemplar in meiner Sammlung. Die Art fliegt auf dem Berge Chamar-Daban, einem der höchsten in der Umgegend von Irkutsk.

Triphysa Albovenosa Ersch. (Pl. XVI. fig. 2. ♂).
Horae Soc. Ent. Ross. T. XII, pag. 336.

Auch von dieser Art ist nur noch ein Exemplar in meiner Sammlung vorhanden; ich sah später einige Stücke, die ziemlich weit östlich von Blagoweschtschensk am Amur gefangen worden waren.

Clostera Curtuloides Ersch. (Pl. XVI. fig. 3).
Trudy Soc. Ent. Ross. T. IV, pag. 193.

Agrotis Ledereri Ersch. (Pl. XVI. fig. 4. ♂).
Trudy Soc. Ent. Ross. T. IV, pag. 195.

Agrotis Difficilis Ersch. (Pl. XVI. fig. 5).
Horae Soc. Ent. Ross. T. XII, pag. 337.

? Erastria Penthima Ersch. (Pl. XVI. fig. 6).
Trudy Soc. Ent. Ross. T. IV. pag. 196.

Cl. Curtuloides ist wohl jetzt in mehreren Sammlungen vorhanden, da dieselbe kürzlich von Dr. Staudinger in seiner Liste ausgeboten wurde. Von *A. Ledereri* sah ich später ein Exemplar aus Kiachta; weitere Exemplare von *A. Difficilis*

14

und *E. Penthima* sind mir dagegen nicht wieder vorge-
kommen.

? Catastia Umbrosella Ersch. (Pl. XVI. fig. 7).
Horae Soc. Ent. Ross. T. XII, pag. 339.

Hypochalcia Caminariella Ersch. (Pl. XVI. fig. 8).
Horae Soc. Ent. Ross. T. XII, pag. 340.

Eucarphia Gregariella Ersch. (Pl. XVI. fig. 9).
Horae Soc. Ent. Ross. T. XII, pag. 340.
Diese drei Phycideen werden gegenwärtig von Herrn Ra-
gonot in Paris des Näheren untersucht.

Tortrix Excentricana Ersch. (Pl. XVI. fig. 10. ♀).
Horae Soc. Ent. Ross. T. XII, pag. 341.
Ich glaube jetzt, dass diese Art doch nur ein hell gefärbtes Weibchen der *T. Inopiana* Hw. ist.; freilich sind mir
von letzterer Art nur ♀ ♀ von viel dunklerer Färbung bekannt.

Cheimatophila Praeviella Ersch. (Pl. XVI. fig. 11. ♂).
Horae Soc. Ent. Ross. T. XII, pag. 341.
Diese Art scheint sehr selten zu sein, da ich seit der
Veröffentlichung meiner Diagnose keine weiteren Exemplare
gesehen habe.

Cochylis Pistrinana Ersch. (Pl. XVI. fig. 12. ♂).
Horae Soc. Ent. Ross. T. XII, pag. 341.
Seit der Beschreibung dieser Art habe ich mehrere Exemplare davon gesehen; fast alle waren viel dunkler, als das
typische Stück gefärbt.

Penthina Enervana Ersch. (Pl. XVI. fig. 13. ♂).
Horae Soc. Ent. Ross. T. XII, pag. 341.
Ich habe keine weiteren Exemplare gesehen; das beschriebene Stück hat keine rauhen Schuppen, steht aber doch wohl
bei *P. Charpentierana* Hb.

Grapholitha Abacana Ersch. (Pl. XVI. fig. 14. ♂).
Horae Soc. Ent. Ross. T. XII, pag. 342.

Diese hübsche Art scheint in Central-Sibirien ziemlich verbreitet zu sein; ich sah später noch manche Stücke.

Grapholitha Subterminana Ersch. (Pl. XVI. fig. 15. ♂).
Horae Soc. Ent. Ross. T. XII, pag. 342.

Phthoroblastis Dorsilunana Ersch. (Pl. XVI. fig. 16. ♀).
Horae Soc. Ent. Ross. T. XII, pag. 342.

Die letzteren zwei Arten dürften nicht gerade sehr selten sein, da ich später, freilich nur bald nach meiner Beschreibung derselben, mehrere Exemplare davon gesehen habe.

(Fortsetzung folgt).

BERICHT

ÜBER MEINE

Reise in das Alai-Gebiet.

VON

Gr. GRUMM-GRSHIMAILO.

(Correspondenz).

In Folge einer Besprechung mit dem Prof. Muschketow, mit dem Berg-Ingenieur Iwanow und dem Entomologen Oschanin wurde meine Reiseroute in allgemeinen Zügen dahin entworfen, dass ich den Kara-kul und das Alai-Thal bereisen und so weit als möglich den Lauf des Muk-Ssu verfolgen sollte; ferner sollte ich den Fedtschenko-Gletscher ersteigen und falls sich die Möglichkeit dazu bieten würde, die Richtung der Bergketten bestimmen und die Terrainverhältnisse längs des Flusses Markan-Ssu erforschen. Das Programm der Expedition war somit ein recht umfangreiches; denn, ausser speciell zoologischen Forschungen und der Erwerbung ethnographischen Materials, sollten noch Höhenmessungen und meteorologische Beobachtungen im zu durchwandernden Gebiete angestellt und, im günstingsten Falle, eine Marschroute für das Stromgebiet des Markan- und Muk-Ssu aufgenommen werden.

Wie ich zunächst das Alai-Thal erreichen würde, schien
von keiner Bedeutung; nach einigem Schwanken wählte ich
den Weg über Osch, Woadilj und den Kara-Kasuk.

Die Umgegend von Osch gewährt, so wie die jeder andern sartischen Ansiedlung, einen höchst langweiligen und
monotonen Anblick; soweit das Auge reicht ist der einfarbige
Lössboden mit Getreide- und Maisfeldern bedeckt. Nur längs
den Bewässerungskanälen (Aryk) und um die kleinen Kischlak [1]
herum sieht man Baumgruppen, die hauptsächlich aus Weiden-
und verschiedenen Pappelarten bestehen. Das satte dunkle
Grün der Luzerne trägt wenig dazu bei die Landschaft zu
beleben; die regelrecht viereckig abgezirkelten Felder treten
zu grell aus der sie umgebenden, schattenlosen Lössebene
hervor.

Für einen Zoologen ist dies wohl ein recht trostloses Bild.
Ihn interessiren weder jene bearbeiteten Felder, die vom Fleisse
und dem Wohlstande des Menschen zeugen, noch jene überall sich hier darbietenden, schönen Fernsichten, die so Manchem erst der Landschaft den höchsten Reiz verleihen. Er
sehnt sich nach der Wildniss, nach Plätzen, die vom mensch-
lichen Spaten noch nicht berührt worden, und solcher Plätze
giebt es in der Umgegend von Osch sehr wenig. Dafür sind
der Art verlassene Orte, wenigstens im Frühling, in Bezug auf
Thierleben ausserordentlich reich. Hier, ja hier allein, scheint
sich das Leben der verschiedensten Ordnungen des Thierreichs
concentrirt zu haben. Ein üppiger Pflanzenteppich, der in den

[1] Mit dem Worte *Kischlak* bezeichnen die Eingeborenen jegliche mensch-
liche Ansiedlung, d. i. Stadt, Flecken, Dorf, Gut u. s. w. Nur Osch und
Woadilj können den Anspruch auf den Namen einer Stadt machen.

mannigfaltigsten Farben prangt, bedeckt im Frühling die Löss-
und Conglomerat-Hügel, die bald einzeln stehen, bald miteinander eine Reihe sich weithin erstreckender Klüfte bilden,
auf derem Grunde die Spuren zeitweise fliessender Bäche bemerkbar sind. Diese Pflanzenteppiche scheinen gleichsam lebendig und beweglich zu sein. Tausendstimmiges Summen
dringt zum Ohre des Lauschers und der Beobachter erblickt
eine unglaubliche Menge der verschiedenartigsten geflügelten
Thiere, die hier Schutz suchen.

Und alle laufen oder fliegen geschäftig hin und her, als
eilten sie wohin. Insecten sind jedoch keineswegs die einzigen
Bewohner solcher Plätze. Auf Schritt und Tritt trifft man
Pseudopus Pallasii und verschiedene Repräsentanten von Colubriden; plumpe Schildkröten liegen behaglich auf dem Wege
oder wandern, hin und her watschelnd, ziellos dahin; auch
Riesen-Exemplare von *Bufo variabilis* giebt es hier in Menge.
Den Zoologen ergreift ein stummes Entzücken, er ahnt eine
reiche Beute.... In der That gelang es mir hier, nicht nur
eine grosse Anzahl interessanter Schmetterlinge zu fangen, sondern auch manchem bemerkenswerthen Repräsentanten anderer Thierordnungen zu begegnen, so z. B. *Zamenis Kaufmanni* (?), *Taphrometopon lineolatum*, *Elaphis Dione*, *Eryx
jaculus*, etc.

Schon Mitte Mai war von Allem dem keine Spur mehr
vorhanden. Die Sonne hatte das üppige Grün versengt; Alles
war verblüht und verwelkt. Aus der dichten Pflanzendecke,
die früher die Abhänge bedeckte, sah man nun überall den
Lehmboden hervorblicken, auch das Thierleben hatte merklich abgenommen. Selten nur flatterte die schöne *Zegris Fausti*
vorüber, oder schlüpfte ein *Pseudopus* aus seinem Versteck
hervor, um, fast ohne schlängelnde Bewegung, die Thalsohle
zu erreichen.

Es war hohe Zeit, auf die Berge zu steigen. Nachdem

Alles zur Expedition vorbereitet, verliess ich Osch, in Begleitung von 4 Orenburger Kosaken [2]), am 20. Mai [3]); ich wählte den Arawan'schen Weg.

Der Weg nach Woadilj über Arawan, Naukat, Utsch-Kurgan bot zu dieser Zeit in keiner Beziehung besonderes Interesse. Von Zeit zu Zeit traf man wohl malerische Punkte, die auch in zoologischer Hinsicht nicht uninteressant waren,—leider aber nur selten [4]). Der Weg zog sich meistens zwischen bearbeiteten Feldern und Kischlak, oder durch Einöden dahin, welche letztere hie und da mit *Psamma*, verschiedenen *Artemisia* und anderen, jetzt jedoch schon von der Sonne verbrannten Pflanzen bedeckt waren. Ich merkte überhaupt, dass ich für diese Gegenden etwas zu spät gekommen war. Das Thierleben schien hier, sowohl wie in Osch und auf der ganzen Strecke bis Woadilj, den sengenden Sonnenstrahlen zum Opfer gefallen zu sein. Manches war jedoch auch hier zu finden und gelang es mir während unseres Marsches einige Arten zu sammeln, denen ich später nicht wieder begegnet bin [5]).

In Woadilj traf ich am 30. Mai ein und reiste erst am 4. Juni des folgenden Monats nach Schahimardan ab. In Woadilj traf ich noch die letzten Dispositionen für die Reise und wechselte u. a. ein unterwegs erkranktes Lastthier gegen ein

---

[2]) Im Ganzen 8 Mann und 13 Pferde.

[3]) Die Daten sind im alten Style angegeben.

[4]) So z. B. die Schlucht von Kara-Kokty oder die felsige Umgegend von Utsch-Kurgan. Hier fand ich einige ganz neue Arten, u. a. *Lycæna Gigantea* m. Der Grösse und der Zeichnung der Unterseite nach steht diese Art der *Jolas* am nächsten; das ♀ ist braun, von matter Färbung, und, nach dem Rande zu, heller. Unter den vielen Weibchen, die ich gefangen, ist kein einziges mit bläulichem Anflug, wie solchen die ♀ ♀ von *Jolas* zeigen. Das ♂ ist glänzend himmelblau und hat auf der Oberseite den Habitus eines riesigen *Poseidon*. Dies scheint mir einstweilen genügend, um diese Art zu charakterisiren.

[5]) *Trigonocephalus halys* und einige mir unbekannte Asseln und Solpugen. Von Lepidopteren: *Mycteroplus Didymogramma*, *Leucanitis Caucasica* und noch andere *Leucanitis*-Arten, *Euclidia Munita*, *LycænaTrochilus* etc. etc.

frisches ein. Tägliche Excursionen in die Umgegend brachten wenig Neues. Die Lepidopteren-Fauna besonders bot hier nichts Originelles [6]). In diesen felsigen Schluchten und steinigen Einöden fand ich von Wirbelthieren nur 2 oder 3 *Eremias* und einen *Tropidonotus hydrus* var? von beträchtlicher Grösse. Für alle diese weniger günstigen Erfahrungen wurde ich in Schahimardan und im Kischlak Jordan, dem nächsten Haltepunkte, aufs Reichlichste belohnt. Hier blieb ich bis zum 14. Juni und durchwanderte die Umgegend nach allen Richtungen.

Die Umgegend von Woadilj ist ausserordentlich malerisch. Senkrechte Felsen, die sich von allen Seiten aufthürmen, haben am Zusammenfluss des Schahimardan und der Ausflüsse des Kurban-kul nur einen kleinen Platz für einen unbedeutenden Kischlak freigelassen. Riesige Blöcke der verschiedensten Felsarten thürmen sich stufenweise oder im grössten Durcheinander immer höher und höher auf, bis zu den mächtigen Schneekuppen, die diese Felsenriesen von Osten und Süden bekränzen. Erhebt man sich aus diesem Kesselthale auf die terrassenförmig dasselbe umgebenden Felsparthien, so entfaltet sich gleich die üppigste Vegetation. *Juniperus pseudosabina, Juniperus sabina* (?), *Rosa* sp. divers., *Rhamnus, Cratægus, Hippophaë* und *Berberis heteropoda* wachsen malerisch bunt durcheinander und wuchern oft auf den unzugänglichsten Felsen, die in den mannigfaltigsten Farben brauner, rother undgrauer Blumen prangen. Manchmal sind diese Felsen oben gleichsam abgestutzt; hohes, bis zum Gürtel reichendes Gras, ganze Wälder von *Eremurus*, verschiedenartige *Scabiosa, Taraxacum, Tragopogon* und noch mancherlei andere Pflanzen bedecken dann diese kleinen Flächen. Denke man sich ein reges Thierleben, überall umherflatternde schöne Schmetter-

---

[6]) Zu erwähnen sind nur: *Parnassius Apollonius* und *Epinephele Interposita.* Von Coleopteren: *Cicindela Galathea.*

linge [7]) hinzu, so wird mein Bedauern begreiflich sein, ein so sehr vom Himmel gesegnetes Plätzchen verlassen zu müssen, besonders da ich nicht annahm, einem derartigen noch einmal zu begegnen; doch hierin täuschte ich mich gründlich.

Der Weg zum Kara-Kasuk führt durch eine enge Schlucht, in deren Sohle die grünen Fluthen des Ak-Ssu (Schahimardan) mit wildem Getöse von Stein zu Stein sich dahinwälzen. Die Wände der Schlucht sind senkrecht und kahl. Es ist als hätten sie sich über die Spalte gebeugt, um sie vor dem grellen Sonnenlichte zu schützen. Daher herrscht dort ein ewiges Halbdunkel. Schwarze Felsblöcke, Abstürze von schiefrigen Gesteinen, jähe Abgründe zu den Füssen, hie und da ein Stamm einer *Artscha (Juniperus pseudo-sabina)*, deren Wurzeln schlangenartig die Granit-Vorsprünge umwinden—das ist das Bild, das sich dem Auge darbietet. Manchmal hört der Weg ganz auf, verschwindet unter dem Steinschutt; dann steigt er an den steilen Felswänden bis zu schauerlicher Höhe empor, schlängelt sich längs des Felskammes hoch über dem Flusse, bis sich die Gelegenheit bietet ihn mit Hülfe einer verzweifelt gefährlichen kirgisischen Brücke auf der entgegengesetzten Felswand fortzusetzen. Hier ist man beständig in Gefahr hinun-

---

[7]) *Pieris Leucodice, Pararge Eversmanni, P.Menara, Cænonympha Nolckeni*, verschiedene *Lycæna*, von denen zwei neue Arten: 1. *L. Atra* m.; von der Grösse kleiner Stücke der *Minima (Alsus)*; Oberseite einfarbig schwarz mit leichtem, bräunlichem Anfluge; Unterseite röthlichgrau, mit einer Reihe schwarzer Augenpunkte; zur Basis grünlich glänzend beschuppt. Gehört in die Gruppe des *Semiargus*. 2. *L. Timida* m.; gleichfalls eine kleine Art; oben schwarz; unten bräunlich, ausgezeichnet durch einen weissen Strich (wie bei *Fylgia*) und durch rothe, zusammenfliessende Punkte. Fliegt mit der vorigen Art zugleich.

Ferner *Macroglossa* n. sp.. zwischen *Croatica* und *Bombyliformis, Azelina Maracandaria*, eine Menge verschiedener Arten von *Satyrus, Spilosoma Turcnsis* etc. etc.

terzustürzen und nur ein Zufall kann einen dann vom Untergange retten [8]).

Zum Ende der Schlucht hin werden die Felswände zugänglicher und treten immer mehr und mehr zur Seite. Es beginnt eine Vegetationsschichte; Licht und Grün nehmen zu, Birken (*Betula Sogdiana* Regel i. lit.) und Vogelbeeren (*Sorbus*) treten anfangs in einzelnen Exemplaren, dann in ganzen Beständen auf, und über ihnen ziehen sich Spaliere von Rosen, Berberitzen und Artscha hin. Die letztere wird um so häufiger, je höher man steigt [9]). Immer mehr und mehr erweitert sich die Schlucht. Der Horizont umfasst bereits einige Werst weit die mächtigen Bergmassen und endlich erheben sich vor dem Wanderer die schneebedeckten Riesen.......... Ein überwältigender Anblick, ein Bild von unbeschreiblicher Pracht und Majestät.

Hier ist der Zusammenfluss des Ak-Ssu und des Artscha-Bulak; hier auch biegt der Weg nach links, nach Kara-Kasuk. Anfangs steigt der Weg ziemlich steil an einem durch Hornblende schwarz-sandigen Hügel empor; dann schlängelt sich der Weg einen lehmig-sandigen Abhang entlang weiter; letzterer ist hie und da mit an den Boden anliegendem, sich weit ausbreitendem *Juniperus* bewachsen.

Acht Werst von Kara-Kasuk, am Platze Artscha-Basch, machte ich Halt. Es ist dies der übliche Lagerplatz aller Kirgisen, die über den Kara-Kasuk ziehen. Hier führt auch eine Brücke über den reissenden Ak-Ssai und dient ein Gebäude in den hier durchaus nicht seltenen stürmischen Nächten sowohl dem Menschen, als dem Vieh zum Obdach. Eine

---

[8]) Eins meiner Pferde machte am Felsenrande einen Fehltritt und stürzte von einer Höhe von mindestens 25 Faden hinunter. Dank dem Gepäck blieb es am Leben; ersteres war freilich nicht mehr zu brauchen.

[9]) Die Birke findet sich hier nicht über 9000 Fuss.

herrliche Alpenwiese mit auffallend hohem, üppigem und saf-
tigem Grase dehnt sich hier aus; links und rechts schliessen sich
ähnliche Wiesen von kleineren Dimensionen an, die aber zum
Theil von Steintrümmern verschüttet sind. Auf dem linken Ufer
ist gleichfalls Alles mit derartigem Steinschutt bedeckt und
ist in Folge dessen der Charakter der Landschaft ein sehr
monotoner. Der *Juniperus* kommt hier nicht vor; er hat sich
fast ausschliesslich am linken Ufer angesiedelt und fasst hier,
eine stattliche Wand bildend, die kleinen Triften ein; nur
hie und da wird diese Wand durch mächtige Geröllblöcke,
die aus den verschiedenartigsten Felsarten bestehen, unterbrochen. Unter diesen Steinen hört man das beständige Rau-
schen eines unterirdischen Baches. Er quillt anfangs aus einem Felsen hervor, verschwindet dann unter einem anderen
von geringerem Umfange und fliesst auf diese Weise unterir-
disch bis zum Ufer des Flusses, in den seine kalten (5° C)
Fluthen von beträchtlicher Höhe hinabstürzen. Derartige Bäche
giebt es hier genug, doch sind sie nicht alle so durch Steine
verdeckt. Ihr krystallhelles, kaltes Wasser kommt gewöhnlich
aus bedeutender Höhe herab; sich von Vorsprung zu Vorsprung
stürzend, zerstiebt es zu einem feinen Staubregen, der Alles,
was sich in der Nähe befindet, gleichsam mit funkelnden Dia-
manten besprengt. Den Rahmen zu diesem Bilde bieten mächtige, schneebedeckte Gebirgszacken.

Die Flora und Fauna ist hier reich und ausserordentlich
mannigfaltig. Meine Sammlung bereicherte sich nicht nur
durch eine bedeutende Anzahl von seltenen Arten, die ausschliesslich dem Himalaya und dem süd-westlichen Theile des
Thian-Shan Gebirges eigenthümlich sind [10]), sondern es gelang

---

[10]) Wie z. B. *Colias Eogene, Polycaena Tamerlana, Heliothis Jugorum*
u. v. a.

mir auch einige neue Formen zu finden, so z. B. die auffallend schöne *Colias Christophi* m. [11]).

Die der Schneeregion angränzenden Partien bieten auch ein nicht geringes Interesse in zoologischer Hinsicht, obgleich sie sich freilich in Bezug auf die Artenzahl nicht mit den Niederungen messen können [12]). Hier traf ich zum ersten Male den Ullar (*Megaloperdix* sp.?) und *Arctomys caudatus* an.

Während unseres Aufenthaltes hieselbst, vom 15. — 19. Juni, war das Wetter sehr veränderlich. Regen, Schnee, Sonnenschein und abermals Regen folgten unerwartet aufeinander. Mit jedem Tage indessen nahmen die Wolken ein düstereres Ansehen an, der Wind wurde stärker und blies manchmal, mit nur geringen Unterbrechungen, zwei Stunden oder mehr aufs hefstigste und drohte beständig unsere Zelte davonzutragen.

Mein Führer, der den Kara-Kasuk schon an 30 Mal überschritten hatte, war in ängstlicher Aufregung.... Auch die Ko-

---

[11]) Ihre Diagnose ist im Kurzen folgende:

Ala antica ♂-is et ♀-æ nigræ, superiore parte, præsertim cellula discoidali aurantiacæ, ad marginem interiorem late virescenti-griseæ, fascia lata submarginali lutescente albida, interrupta nervis nigris (♀-æ fascia latior et albidior) puncto centrali grosso nigerrimo. Posticæ nigræ, basin versus virescenti-griseæ fascia punctoque centrali albidis. Subtus anticæ disco cærulescenti-griseæ, in apice grisco-virescentes; posticæ grisco-virescentes, macula discocellulari parva rotunda albida.

Diese Art steht am nächsten der *Colias Alpherakii* Stgr.. die auch im Alai-Gebirge entdeckt wurde; beide haben mit einander gemein, dass der Discocellular-Fleck bis auf einen weissen Punkt reducirt ist, der von keinerlei dunklen Ringen eingefasst wird. Sie ist auch weit schöner und von so eigenthümlicher Färbung, dass sie mit keiner Art zu verwechseln ist. Die verschiedensten Farben sind aufs Originellste vereinigt; so das grelle Weiss der Randflecke mit dem sich abschattirenden Schwarz, schönes Orange mit einem zarten bläulichen Graugrün. Männchen und Weibchen unterscheiden sich nur wenig. Letztere sind etwas grösser, weniger lebhaft gefärbt und zeigen mehr Schwarz. *C. Christophi* ist etwas kleiner, als *C. Alpherakii.*

[12]) Hier fing ich u. a. Riesenexemplare von *Van. Urticæ* (var.?), *Psyche* sp. (auf den Schnee in 14,000 Fuss Höhe fliegend), *Polyomma Tamerlana Colias Hyale* (var.?) *Bombyx* nov. sp. etc. etc.

saken sahen misstrauisch zum düstern Himmel und zu den in
Wolken gehüllten Schneekuppen empor. Zwei vorläufige Re-
cognoscirungen des Passes, während deren ich beide Mal den
schreckenerregenden von den Kirgisen „Schwarzer Pfahl" be-
nannten Kara-Kasuk (14,400 F.) bestieg, versprachen nichts
Tröstliches. Frisch gefallene und bereits von unten abschmel-
zende Schneemassen drohten Jeden zu verschlingen, der sich
ihnen anzuvertrauen wagen würde; mit einer Eiskruste zum
Theile bedeckte Steine, die unter den Füssen nachgaben, keine
Spur eines Steges und ein unglaublich steiler, 2 Werst langer
Aufstieg, das war Alles, was von der Nordseite zu sehen war.
Der Süd-Abhang bot einen noch trostloseren Anblick.... ein
endloses Schneefeld nach allen Seiten und unter den Füssen
ein verschneiter Absturz von unbestimmbarer Tiefe. In der
That ein schaudererregendes Bild..... und doch mussten
wir hier hinuntersteigen und auch die Pferde hinunter-
schaffen!...

Es war garnicht daran zu denken, dass die Pferde mit
ihren Lasten den Pass überschreiten konnten und, dem Rathe
meines Dschigiten folgend, schickte ich nach Schahimardan
nach Kirgisen, die bereit wären, das Gepäck auf ihrem Rükken hinüberzutragen. Glücklicherweise fanden sich dort Lieb-
haber zu solch einem Wagestück.

Es wurde beschlossen, am Fusse des Kara-Kasuk zu über-
nachten und zwar auf einem freien Platze, der aus dicht über-
einander gehäuften Steinmassen theils schiefriger, theils krystal-
linischer Natur gebildet wurde; diese Blöcke ragten überall
mit ihren scharfen Kanten hervor, während sie an eizelnen
Flächen durch eine Eiskruste zusammengekittet waren. Dort-
hin hatte ich bereits Futter fürs Vieh und Artscha zum Bren-
nen herbeischaffen lassen

„Nun Gott befohlen.... es ist Zeit aufzubrechen!"... Bei nas-
sem Schneegestöber liess ich meine Pferde beladen und mit

schwerem Herzen verliess ich diesen Halteplatz, einen der besten meiner ganzen Reise. Nach 3 Stunden erreichte ich auf steil aufwärts steigendem und mit Steinschutt bedecktem Wege den „Keller" von Kara-Kasuk; so nannten die Kosaken sehr bezeichnend diesen Ort. In der That ein Keller: von 3 Seiten senkrechte Wände und über dem Kopfe eine düstere Decke hier gestauter und erstarrter Wolkenmassen. Alles weiss und nass umher; halbdunkel; Schnee und Regen wechselten ab. Es war bitter kalt und dazu wehte es stark. Nur mit Noth schlugen wir die Zelte auf und lagerten uns, so gut es ging, auf den scharfkantigen Felsblöcken. Auch das Feuermachen ging nicht ohne Mühe. Es dunkelte schon merklich, das Schneegestöber und die Kälte nahmen zu und noch unwirthlicher wurde es umher. Ein Theil des Gepäcks wurde expedirt.

In banger Spannung, Kälte und Schnee vergessend, folgten wir mit unseren Blicken diesen beherzten Gebirgsbewohnern, die, nach Kräften mit dem Gepäck beladen, mit den Gebirgsstökken winkend, an der weissen Wand in die Wolken stiegen, bis dass sie endlich unseren Augen entschwanden. Ihnen hatte sich auch mein Führer angeschlossen; er sollte uns einen Weg ausfindig machen. Der zur Sommerzeit übliche Weg war noch nicht passirbar; er war noch begraben unter Lawinen und riesigen Schneemassen. —

Zwei Stunden sind verstrichen. Es ist Nacht. Kaum glimmt noch das Feuer, das der Schnee zu ersticken droht. Auch unsere Zelte und das übrige Gepäck sind unter Schneehaufen begraben. Von Zeit zu Zeit dringt ein Wind stossweise auch in unsere Schlucht, prallt an die Felswand und heult gleichsam vor Schmerz. Zuweilen erdröhnt es hoch über uns, wie ein Kanonenschuss und ein hundertfaches Echo folgt ihm dumpf nach. Es ist ein Felsblock, der sich gelöst und nun mit unaufhaltsamer Geschwindigkeit, Alles unterwegs ins Rollen bringend, hinunterstürzt. Nicht so bald verstummt es wieder; noch lange dröhnt und rauscht es weiter; kleines Geröll folgt dem Blocke in den Abgrund nach.

Ich war ein wenig eingeschlummert; doch ein unruhiges Treiben in unserem Bivouac weckte mich bald wieder auf.... Die Kirgisen sollen zurückgekehrt sein.... In der That, sie sind es! Hell lodert wieder das Feuer empor, undeutliche Schatten irren umher.... Überall Lärm und Stimmen!...

„Nun, was giebts, Iskender (mein Dolmetscher)?" — „Nicht viel Gutes, Euer Gnaden!... es soll keinen Weg geben.... oben soll Schneesturm sein"....

Ich verlor mich einen Augenblick in Gedanken. Es fielen mir darauf die Worte des einzigen, vor mir hier gewesenen Reisenden, ein: „wenn auf den Höhen des Kara-Kasuk ein Schneesturm den Wanderer überrascht, so wird seine Lage höchst kritisch [13])", und mir wurde recht unbehaglich.

„Frage einmal, ob es möglich ist hinüberzukommen?"

„Wenn sich das Wetter nicht ändert, soll es nicht möglich sein"....

Die Feuerstellen erloschen. Auch die Leute lagerten sich, jeder nach seinem Behagen.

Nachdem ich mich so warm als möglich bedeckt hatte, versuchte ich einzuschlafen. Schwere Gedanken jedoch, einer beunruhigender, als der andere, wollten nicht aus dem Kopf und gönnten mir lange keine Ruhe. „Wenn der Schneesturm nicht nachlässt—so ist es unmöglich vorwärts zu kommen... und ist denn ein längeres Verweilen möglich? Der Proviant für die Leute ist schon jenseit des Passes, und hier? Hier giebt es weder Brennmaterial, noch Futter für die Pferde. Ja, es ist nichts zu machen—komme was da wolle.... vorwärts!"....

---

[13]) *W. F. Oschanin: Karategin und Darwas.* Er war im J. 1876 auf dem Kara-Kasuk und konnte den Sommerweg benutzen.

Unterdessen schien die Natur sich zu beruhigen....

Nur das unheimliche, immer mehr zunehmende Rollen herabstürzender Steine unterbrach die plötzlich nach dem Sturme eingetretene Stille.

Der Morgen begann herrlich. Vollkommen klarer Himmel; nur nach einer Richtung sah man noch ein graues Wölkchen, das an einer schneebedeckten Felsspitze haftete. Während der Thee eingenommen wurde, brach der zweite Transport auf. Bald folgten auch wir nach, indem wir die Pferde am Zügel führten.

Bereits war ein Eisabhang, eine Schneebrücke über einen Abgrund glücklich überschritten. Es galt nun, auf festem Grund und Boden, aufwärts zu steigen; Alle, die da unten den Muth verloren, wurden wie neu beseelt, sie begannen sogar zu scherzen....

Mein Führer war den Kirgisen voraufgeritten, um einen besseren Weg zum Hinuntersteigen ausfindig zu machen. Die Kirgisen waren auch schon längst unseren Blicken entschwunden und *nolens volens* musste ich den Zug führen. Nur darauf bedacht, den Weg, dessen Spuren vom Winde bereits völlig verweht waren, nicht zu verlieren, hatte ich unterlassen, auf den Himmel zu achten; dort aber schien sich ein besonderes Unwetter vorzubereiten.

Der Schneesturm brach gerade auf der Passhöhe los. Plötzlich wurde es dunkel. Riesige Schneemassen wurden in die Lüfte gehoben, umwirbelten und verdeckten Alles. Es pfiff und stöhnte um die Ohren. Ich lehnte mich an eine schwarze Felswand [14]) und liess Menschen und Pferde an mir vorüber-

---

[14]) Die eigentliche Passhöhe bildet eine kleine, 3 — 4 Fuss grosse Abflachung, auf welcher ein einzelner Mensch kaum Platz findet. Von der einen Seite stösst sie an einen nicht hohen, spitzen, schwarzen Felsen, von der anderen setzt sie sich unmerklich in den Gebirgskamm fort.

ziehen. Hier oben länger zu bleiben, war unmöglich, und rief ich daher jedem an mir Vorüberschreitenden zu: „Schneller, schneller hinunter!".... „Hinunter!", das war wohl leicht gesagt, aber wie und wohin — das wusste kaum Jemand. — Dennoch schickte man sich an, hinunterzusteigen.

Ich sah ein Pferd stürzen und den Berg hinabrollen, ich hörte einen Schrei, dem ein dumpfes Geräusch tief unter mir folgte.... Ich sah, wie nach einiger Zeit gleichsam zwei schwarze Schatten vor mir auftauchten und dann in den Schneemassen verschwanden. — Es war hohe Zeit, dass auch ich hinunterstieg.

Es ist schwer sich etwas Verzweifelteres vorzustellen, als dieses mein Hinuntersteigen. Ein sich Zurechtfinden in diesem Chaos war kaum möglich. Ab und zu liess sich ein Schrei vernehmen oder es wurde der Körper einer meiner Leute sichtbar; fortwährend heulte der Wind und überschüttete uns mit ansehnlichen Schneemassen. Von Zeit zu Zeit klärte es sich auf und da tauchten vor mir mit allen ihren Schrecken Bilder auf, die ich wohl nie vergessen werde.... Dann wieder ein Windstoss, nichts als dichte Schneeflocken vor den Augen und hie und da Umrisse eines aufschwankenden Rückens.

Nachdem ich etwa 5 Mal mit dem Pferde am Abhange hinab gerutscht, erreichte ich endlich einen freien Platz. Hier hatten sich schon nach und nach fast Alle versammelt und hier erwarteten uns auch die Kirgisen, die das Gepäck in einen Haufen zusammengelegt hatten. Von hier an wurde das Hinabsteigen viel leichter; auch hatte sich der Schneesturm gelegt.

Der Süd- oder Alai-Abhang des Passes schien mir keineswegs weniger steil, als der nach Ferghana fallende Nordabhang, obgleich dies Oschanin behauptet. Es gilt wenigstens für die Strecke vom Kamme bis zu diesem Haltepunkte. Hier bleibt der Schnee während des Sommers (von Anfang Juli bis

15

Mitte August) in Folge der allzugrossen Steilheit der Abhänge nicht liegen, ungeachtet der beträchtlichen, die Schneegränze überragenden Höhe des Passes; auch ist dieser Abhang (wie ich es, jedoch nur an einigen Stellen, beobachten konnte) ebenso sehr, wenn nicht mehr, mit Steinschutt bedeckt. Vielleicht in Folge der Schneemassen, erschien mir im Ganzen der Süd-abhang schwerer, als der nach Ferghana abfallende Nord-abhang.

Von diesem kleinen Plateau bogen wir nach rechts ab (der eigentliche Weg geht nach links), und, obgleich der Weg durchaus nicht abschüssig war, verursachte er doch solche Stra-pazen, dass der auf den Kara-Kasuk, ja der Pass selbst damit nicht zu vergleichen waren. Eisabhänge, in denen der Pfad mit der Hacke eingehauen werden musste, tiefer Schnee, in den Pferde und Leute bis zum Gürtel einsanken, ganze Berge von scharf-kantigen Granit- und Schiefertrümmern und mit Geröll verschüt-tete Abhänge, von allen Seiten herunterbrausende Gebirgsbäche, schliesslich ein jäher Sand-Absturz, den Keiner von uns ohne Unfall zu passiren glaubte—dieses Alles hatten wir hinter uns, als wir, matt und müde, endlich einen kleinen Pfad erreichten. Um zum Kock-Ssu zu gelangen, mussten wir eine etwa anderthalb Werst lange Schlucht passiren, durch die sich ein für gewöhnlich, nur nicht in dieser Jahreszeit, sehr kleiner Bach seinen Weg bahnt. Die überhängenden lehmig-sandigen Wände, an denen der Weg sich hinschlängelte, sandige Abstürze und Schnee-Lawinen — Alles das war nichts im Vergleich mit dem, was wir heute bereits hatten durchmachen müssen.

Der Kock-Ssu, der hier um einige hundert Faden ausge-treten war (Basch-Kock-Ssu), die mit niedrigem *Juniperus*, *Iris* und sich eben entwickelndem *Festuca*-Gras bedeckten sanft abfallenden Vorberge auf unserer Seite, ja sogar die finsteren Granite des rechten Ufers—Alles dieses, in goldige Sonnen-strahlen getaucht, lächelte uns so freundlich an, dass alles

Ueberstandene mit einem Male vergessen war, und wir nur mit Wehmuth auf unser Schuhzeug sahen, das sich jetzt in einem gar kläglichen Zustande befand....

Den Flecken Tschagdar, der, längs des Kock-Ssu, 10 Werst von Kara-Kasuk entfernt ist, erreichten wir erst um 6 Uhr Abends. Eine Strecke von 15 Werst—und 10 Stunden Marsch! Diese Angaben allein würden genügend reden, wenn nicht der Umstand hinzukäme, dass wir die letzten 8 Werst im Trab zurückgelegt hätten.

In Tschagdar, das 11,500 Fuss hoch gelegen, blieb ich zwei Tage und excursirte vom Morgen bis zum Abend. Hier, wie überall, stiess ich auf Arten, die ich weder früher gesehen, noch später wiedergefunden habe [15]). Letzteres bezieht sich hauptsächlich auf die Schmetterlinge; die übrigen Insectenordnungen schienen nicht vertreten zu sein. Wirbelthiere gab es hier auch wenig. *Arctomys caudatus*; *Aquila fulva, Falco* sp., ein rothschnäbliger Rabe (*Fregilus graculus*) in Menge, *Pyrrhocorax alpinus* (ein altes Exemplar), *Pica bactriana, Megaloperdix, Caccabis huckar, Columba rupestris* — das war Alles. Wie auf dem Artscha-basch, war das Wetter auch hier sehr veränderlich. Das Thermometer kam nicht zu Ruhe. Sonnenschein und Regen, Hagel und Schnee — Alles durcheinander. Auch unter Regen brach ich am 22. auf. Nach zwei Tagemärschen war ich erst zum Platze Teorak-Schuar an der Mündung des Flusses Teckelik gelangt; hier übernachtete ich. Das schlechte Wetter liess nicht nach. Fortwährender Nebel, Regen in jeglicher Form, Schnee und Hagel. An Excursiren war nicht zu denken.

---

[15]) *Ino* sp., *Pieris* sp. Letztere hat Manches mit *Napi* gemein, doch möchte ich sie einstweilen noch nicht mit derselben vereinigen; jedenfalls scheint mir die Art nicht neu zu sein. Von anderen Arten waren besonders interessant: *Cœnonympha Sænbecca* und *Parnassius Actius* var. *Rhodius* (?). Hier fing ich auch *Lycœna Anisophthalma* (?) und einen *Bombyx* n. sp.

Eine Beschreibung der Kock-Ssu-Schlucht würde wohl manches Interessante bieten; ich übergehe sie jedoch hier, um sie detaillirter bei einer anderen Gelegenheit mitzutheilen. Hier will ich nur anführen, dass ich zwei Mal fast bis zur Thalsohle hinabsteigen musste, da der eigentliche Weg durch Schneemassen und während des Winters aufgestaute Felstrümmer verschüttet war.

Von Schuar aus folgte ich dem Laufe des Teckelik bis zur Einmündung des Balakty. Längs dieses Flusses stieg ich dann bis zum Fusse des Dschekaindy hinan, wo ich in der Nachbarschaft eines kara-kirgisischen Aûls Halt machte.

Diese ganze, ziemlich enge Schlucht wird von Wänden eingefasst, an denen Kalke und Schiefer zu Tage treten. Das linke Ufer ist zugänglicher und weniger steinig; ein Fusssteig schlängelt sich an demselben hin und mehrere Querthäler münden hier ein. Ueberall liegt noch Schnee; an manchen Stellen wölbt er sich in 5—6 Fuss mächtigen Schichten brückenartig über den Bach. Dennoch geht hier der Frühling schon seinem Ende entgegen. Viele Pflanzenarten sind schon längst verblüht. Gröbere Formen treten schon auf. Nur hie und da zeigt sich noch niedriges, weiches Gras (die sogen. Berg-*Stipa* und *Festuca*); sonst überall mir unbekannte Sträucher, krüppliger *Juniperus*, vereinzelte Rosensträuche, die übelriechende *Scorodosma fœtidum*, deren vorigjährige, zerknickte Stengel sehr unaesthetisch aus den Steintrümmern hervorragen, breite, grobe Blätter, die wohl einem *Verbascum* angehören, eine *Scabiosa*-Art, *Taraxacum* und in den Vertiefungen Ranunculaceen. Diese Einöden werden vorzugsweise von *Arctomys caudatus* bewohnt; hier ist ihr Reich. Auf Schritt und Tritt begegnet man ihren Gängen. Andere Erdlöcher gehören einer Feldmaus (*Arvicola*) an. Die Lepidopteren-Fauna ist hier sehr reich; von jeder Excursion kehrten wir mit enormer Beute heim. *Parnassius Discobolus* mit seinen prachtvollen Aberrationen, *Anthocharis* nov. sp. ? , *Colias*

Thisoa, C. Alpherakii, C. Wiscotti, C. Romanovi m. [16]), *Erebia Jordana, Lycæna* nov. sp. ? und eine Menge anderer Arten bildeten unseren täglichen Fang auf diesen, zum Theile noch mit Schnee bedeckten Bergabhängen. Regen vertrieb uns jedoch bald von hier.

Nachdem wir uns von den Kara-Kirgisen, die uns sehr gastfreundlich empfangen hatten, verabschiedet und einige ihrer Aeltesten mit Zeugen und Spiegeln beschenkt, brachen wir am 28-ten auf. Wir beluden unsere Pferde bei feinem Regen, der schon am Tage vorher häufiger zu werden begann. Nebel bedeckte diesmal den Pass, der von dieser Seite sehr sanft ansteigt. Steile Parthien trafen wir nur auf der Süd-Ost-Seite, von wo aus sich uns auch eine herrliche und grossartige Aussicht bot. Hie und da zogen sich noch zerrissene Nebelhaufen zu unseren Füssen hin und verdeckten mit einem dünnen Flor rötliche Erhöhungen die sich längs eines, als zartes blaues Band sich schlängelnden Baches hinzogen. Herrliches Grün in allen Schattirungen, sporadisch auf den schön rosenrothen Felsklüften vertheilt und mit dichter Decke die ganze Einsenkung schmückend, zog sich an der Anhöhe hinauf, hinter welcher sich in seiner ganzen Breite das augenblicklich wie in Sonne gebadete, köstliche Surchab-Thal den Blicken eröffnete. Jenseits desselben erheben sich die mächtigen, von

---

[16]) Eine prächtige Art aus der Gruppe der *Thisoa*. Dieser besonders grosse Schmetterling, der in Hinsicht der schönen Färbung der *C. Olga* und *C. Aurora* am nächsten steht, unterscheidet sich von denselben hauptsächlich durch das Fehlen der *tacæes empesées*; andere wesentliche Unterschiede zeigt auch nur das ♂. Der Rand ist weit schmäler, als bei den erwähnten Arten und ohne scharfe Begränzung zum lebhaft rothen Flügelgrund; auch sind die den Rand durchsetzenden Rippen gelb und finden sich in demselben häufig gelbe Flecken. Diese Flecken sind beim ♀ manchmal von ansehnlicher Grösse; auch ist der schwarze Rand der ♀ ♀ so breit, wie bei keiner der mir bekannten Arten dieser Gruppe. Ein violetter Schiller ist nicht selten. Unter den über 200 Exemplaren, die es mir zu fangen gelang, findet sich kein einziges weisses ♀.

Schneekuppen gekrönten Trans-Alai-Berge, und hinter diesen, so weit das Auge schweifen kann, immer höher und höher emporsteigende schneebedeckte Gebirgszüge.

Nachdem ich die Höhe des Passes gemessen, stieg ich auf einem anfangs recht steilen und steinigen Pfade ins Thal hinab; auf beiden Seiten des Weges spreitzen sich die gigantischen Stengel der *Scorodosma foetidum* aus. Bald erreichte ich einen merglig-sandigen Hügel, dicht mit sprossendem *Stipa*-Gras bedeckt und noch weiter unten eine Vertiefung, die aufs ueppigste mit Tugai [17]) und besonders saftigen Gräsern bestanden war; im Grunde rieselte ein klarer Bach. In einiger Ferne befand sich ein Winterquartier (Simowka), das von umfangreichen beackerten Feldern von mergeliger Beschaffenheit umgeben war. Am Karamuk ist ein anderes kara-kirgisisches Winterquartier; auch hier dasselbe Bild; wo nur irgend Möglichkeit sich bietet, ist jeder Flecken Erde bebaut. Dann kamen sumpfige Parthien, sandige oder aus lockerem Conglomerat (bis faustgrosse durch rothen Thon cementirte Gerölle) bestehende Hügel, und am Rande, an den Vorbergen, ziemlich kleine Schluchten die ohne eine bestimmte Richtung zu verfolgen, ein gar wunderbares Labyrinth bildeten. Auf diesen Vorbergen war überall üppige Steppen-Vegetation.

Die Ufer des Katta-Karamuk (Grosser Karamuk) sind hier sumpfig und flach. Ueberall Cyperaceen oder Tugai, der hier vorzüglich aus verschiedenen *Salix*-Arten und, auf Geröllboden, aus *Tamarix* bestand. Die Höhe betrug 7310 Fuss. Ich passirte den Karamuk und lagerte am Fusse der Vorberge; wilder (verwilderter?) Hafer wuchs hier in Menge.

Wider alle Erwartungen brachten meine zwei Tage dauernden Excursionen wenig Lepidopteren ein. Nur folgende Arten

---

[17]) Mit dem Worte *Tugai* bezeichnen die Eingebornen ein waldartiges Gebüsch, das auf periodisch überschwemmtem Boden gedeiht und aus den verschiedensten Baum- und Buscharten zusammengesetzt ist.

kann ich nennen: *Colias Romanovi* m., *Melanargia Larissa* var.?, *Erebia Maracandica, Nemeophila Russula* var. an nov. sp., *Lycæna* nov. sp. ♂, *Satyrus Anthe, S. Pelopea* var., *S. Parthica* und 2 Arten *Syrichthus* (*Staudingeri* et ?). Die Jagd-Ergebnisse waren auch schwach; ich begegnete nur *Caccabis huckar, Columba rupestris* und *Vulpanser tadorna*.

Von hier an steigt der Weg plötzlich sehr steil an; bald fällt er wieder ein wenig ab, bald windet er sich noch höher hinauf, stets auf dem Rücken der Ausläufer, die fast senkrecht zum Flusse abstürzen. Die Gebirgsmasse wird, so weit sie zu Tage tritt, aus lockeren Gesteintrümmern gebildet, die mit üppigem Rasen bedeckt, auf dem ganze Bestände von *Sc. fœtidum,* verschiedene Arten riesenhafter *Eremurus,* Rosensträuche, *Rhamnus, Salix alba,* Zitterpappeln, *Lonicera,* und eine wilde Aprikose (Urjuk) wuchern. Hie und da wird der Rasen durch anstehendes krystallinisches Gestein oder durch kurze mit einem sehr feinkörnigen, dunkelgrauen Sand bedeckte Strekken unterbrochen. Das linke Ufer des Flusses ist eine fast ununterbrochene Steinwand, auf der sich nur hie und da einiges Grün inselartig zeigt. Dies sind die letzten Abstufungen der Trans-Alai-Berge. Der Kisil-Ssu nimmt hier seinen Lauf zwischen Felswänden, die sich senkrecht bis zu einer Höhe von 1000 und mehr Fuss erheben.

Ich machte in einem kleinen schluchtartigen Thale, eine Werst weit von Kitschi-Karamuk, Halt. Im Grunde sieht man ein Bächlein, in der Mitte der Schlucht meist Tugai und Sumpf. Ueppiger Pflanzenwuchs. Das Gras reicht bis zum Gürtel, vielerwärts noch höher. Weiden, Riedgräser, weiterhin wieder *Scorodosma fœtidum, Eremurus*-Arten, *Galium.* Am linken Ufer wiegen verschiedene Gramineen vor.

Die Lepidopteren-Fauna ist hier so reich, wie wohl kaum anderswo. Besonders reich ist die Gattung *Lycæna* vertreten. Auf einer kleinen durch den Bach gebildeten Sandstelle, von etwa $1^1/_2\square$ Faden Grösse, zählte ich 15 Arten! Darunter waren 3 mir völlig unbekannte Species. Eine derselben kann sich, was Schönheit betrifft, mit den hübschesten exotischen Repräsentanten dieser Gattung messen. Sie ist schwarz wie Ebenholz, mit lebhaft violettem Schiller auf der ganzen Flügelfläche und mit einem breiten noch lebhafter violettem Costalrande; die Unterseite ist bleichgelb mit goldigem Glanze. Gruppe des *Icarus?* Ich habe sie *L. Magnifica* genannt. Von anderen *Rhopalocera* führe ich folgende an: *Colias Alpherakii, C. Romanovi* m., *Parnassius Discobolus, P. Apollonius, Pieris* nov. sp. (nur 1 Exemplar!), *Erebia Maracandica, Thecla Mirabilis, Syrichthus Antonia, Syr. Staudingeri, Syr. Sida*(?) und einige andere Arten dieser Gattung, *Pararge Eversmanni, Satyrus Pelopea, Epinephele Haberhaueri, Ep. Pulchella, Ep. Naubidensis, Cœnonympha Nolckeni* und a. m. Im Ganzen 47 Arten *Rhopalocera!*

Von Kitschi-Karamuk geht der Weg wieder auf dem Rükken der Bergausläufer[16]) weiter; der Charakter der Landschaft bleibt ein und derselbe bis zum Winterquartier Atschik; von hier an beginnen wüste, einförmige Felsparthien; überall liegen Haufen von Geröll, die Zeugen reissender Gebirgsbäche, Steinschotter, grössere Felstrümmer und Sand- Anhäufungen. Die Vegetation ist armselig und spärlich. Fast ausschliesslich Scabiosen und Gräser. Auf der ganzen Strecke bis Sanku bietet dieser Strich des Karategin-Gebiets wenig culturfähigen Boden; die einzelnen Getreidefelder haben sichtlich nicht geringe Mühe erfordert. Den Untergrund bildet überall Geröll, das nur stellenweise cementirt ist und nur an manchen Flecken von einer wohl nicht über 1 Fuss mächtigen Humusschicht bedeckt wird. Man baut hier Hafer und Weizen. Hier sind Kischlak oder richtiger Winterquartiere, eins in der Schlucht des Flusses

---

[16]) Hier sind die Pässe von Sary-Guï und Kaschka-Schiräk.

Diwana, auf der anderen Seite des Muk-Ssu (Dumbrotschi) und
2, Ak-Ssai und Kara-Ssai, auf den Uferterrassen des Surchab,
über deren Entstehung ich durchaus nicht mit den Ansichten
von W. F. Oschanin übereinstimmen kann. Er hält sie für
Residuen ehemaliger Seen. In diesem Falle hätte der Surchab
einst aus hunderten, durch Abflüsse mit einander verbundenen
Seen bestehen müssen. Derartiger Erweiterungen mit Terrassen
giebt es schon in grosser Anzahl zwischen Katta-Karamuk und
Sanku; weiterhin, wie Oschanin selbst behauptet, giebt es deren
noch mehr. Ueberhaupt giebt es deren ebensoviel, als es
Durchbrüche giebt, d. h. solcher Stellen, wo der Surchab sich
seinen Lauf durch die nahe zusammentretenden Felsabhänge
gebohrt hat. Da wo die Schlucht sich zu einem breiteren Thal
erweiterte und wo sich dem Surchab, nachdem er sich aus
den Engschluchten befreit, wenig Hindernisse in den Weg
stellten, theilte er sich in verschiedene kleine Arme. Indem er
aber an den Stellen, wo das Thal sich einengt, immer tiefer
sein Bett aushöhlte, musste letzteres hier rascher sinken, als
in den erweiterten Parthien des Thales; hier lagerte er auch
die unorganischen Reste ab, deren er stets in unglaublicher
Menge mit sich führt. Diese Ueberreste wurden ringförmig
oder concentrisch abgelagert und die Wässer mussten sich
immer mehr und mehr in ihr jetziges Bett zurückziehen. Dergleichen Vorgänge zeigt der Surchab noch heutigen Tages; so
z. B. an einer Stelle, die etwas unterhalb des Muk-Ssu liegt,
oder noch prägnanter, an einer anderen oberhalb der Brücke
über den Ssary-Bulak, auf dem russischen Gebiete dieses
Stromes. Auch andere Flüsse des Alai-Gebirges (z. B. der
Kisil-Art) zeigen ähnliche Erscheinungen; da jedoch die Fels-
ufer parallelen Verlauf haben, so werden die vom Flusse mit-
geführten festen Bestandtheile nicht concentrisch, sondern in
parallelen Terrassen abgesetzt.

In Dumbrotschi blieb ich zwei Tage. Ich zog hier Erkundigungen über den Muk-Ssu ein, erfuhr jedoch sehr wenig. Nur bis vor Ljächsch ist er breit; von da an fliesst er viele Werst weit in einer engen Schlucht, bis, nahe am Quellgebiete desselben, die felsigen Ufer wieder auseinanderrücken. Der Weg, der sich bis Ljächsch über die Berge hinzieht, senkt sich hier zum steinigen Flussbett hinunter und ist nur im Herbst, d. h. zur Zeit des niedrigsten Wasserstandes, dann sogar für Lastthiere passirbar. Zu dieser Jahreszeit war aber nicht daran zu denken den Muk-Ssu stromaufwärts zu verfolgen, da der Fluss die ganze Breite der Schlucht ausfüllte. Vegetation, und zwar sehr spärliche, fand sich nur oben, bei und unterhalb Altyn-Masar. Den Boden bedecken Gerölle und Schutt. Bei der Unzugänglichkeit der Ufer fanden sich auch keine Seitenwege.

Der Muk-Ssu ist kaum weniger wasserreich als der Surchab und im Vergleich zum braunrothen dickflüssigen Wasser des letzteren, ist er unvergleichlich klarer und von graugrüner Farbe. Bei seiner Einmündung bildet er ein Delta, das in seiner ganzen Breite mit Geröll bedeckt ist. Sandige Hügelzüge bilden von beiden Seiten die Ufer desselben. Auf der linken Seite fallen sie steiler ab und vereinigen sich eher mit der Hauptkette. Schon 4 Werst unterhalb desselben nehmen diese Hügel einen wilden Gebirgscharakter an und hinter ihnen erheben sich zu schwindelnder Höhe die vier Schneespitzen der Gebirgskette Peter des Grossen. Rechter Hand setzt das sandig-hüglige Terrain ununterbrochen bis zu den Hauptzweigen des Trans-Alai-Gebirges fort.

Die Excursionen, die theils in der Richtung von Sanku, theils nach Ljächsch unternommen wurden, zeichneten sich, wie es sich erwarten liess, nicht durch glänzende Erfolge aus. Die Sonnenstrahlen, deren sengende Gluth durch die benachbarten Eis- und Schneemassen durchaus nicht gemildert wurde, hatten sich bereits zur Genüge geltend gemacht; nur stellenweise hatte sich einiges Grün erhalten. Es kamen wohl einige interessante Formen vor, jedoch in spärlicher Anzahl. Ich erwähne nur: *Pieris sp. Polyommatus Phoenicurus* v. *Dilutior*, *Thecla Mirabilis*, einige *Epinephele, Satyrus Briseïs* v. *Fergana, Plusia Triplasia* etc.

Auf dem Rückwege machte ich Halt, um bei den Kischlak Diwana und Atschik-Aljma zu excursiren. Letzterer ist am Fusse des Kaschka-Schirjak, in einem reizenden kleinen Thale gelegen, dessen höhergelegene Parthien von Tugai, aus den verschiedensten Straucharten zusammengesetzt, und dasselbe überwuchernden Riedgräsern bedeckt waren. Weiter abwärts dehnen sich üppige Graswiesen aus, und noch tiefer befindet sich der Kischlak, hinter welchem sich der Weg hart am Flusse hinschlängelt; hier ist Alles mit mächtigen Felsblöcken bedeckt und die Lepidopteren-Fauna überaus reich. Hier fliegt die *Zygaena Cocandica* in Menge, sodann *Polyommatus* v. *Dilutior (Phoenicurus), Pol. Dimorphus (?), Lycaena Magnifica* m., *Satyrus Staudingeri, Sat. Pelopea* var. etc. etc. Hier gelang es mir auch eine sehr schöne, mir ganz unbekannte Eidechse zu fangen. Die Vegetation war sehr mannigfaltig, wenn auch schon zur Hälfte verdorrt: *Hippophaë, Rosa*, eine Unzahl von Scabiosen, eine Art *Carduus*, und verchiedene *Eremurus*.

Nachdem ich nochmals am Kitschi-Karamuk mit Erfolg excursirt hatte, passirte ich den Katta-Karamuk, ohne daselbst mich aufzuhalten, und drang tiefer in die Berge ein, die sich linker Hand von denselben erheben. Ich hatte an diesem Tage einen besonders langen Weg zurückzulegen und lagerte mich endlich jenseits des Passes Dschirge. Der Weg auf denselben steigt sehr allmälig bergauf und führt durch eine Schlucht, die sich da, wo Seitenthäler einmünden, erweitert, später aber wieder enger wird; im Grunde derselben fliesst ein kleiner Bach, dessen Wässer sich in den Canälen der

Ansiedelung Katta-Karamuk verlaufen. Der Boden ist überall weich; hie und da trifft man Sümpfe oder wenig umfangreiche Weidengebüsche, die mit Cyperaceen-Wiesen abwechseln. Im Ganzen ist die Vegetation ziemlich üppig. Dank den von beiden Seiten sich erhebenden hohen Felswänden, herrscht in dieser Schlucht fast beständig Halbdunkel. Steigt man zum Gipfel des Dschirge empor (Dschirge - tal - bilj), so erblickt man eine Reihe aufeinanderfolgender Thäler.... Nur eine Wand, der Pass Agujurma, trennt uns von unserem früheren Halteplatz am Balakty, den wir vor zehn Tagen verlassen hatten; desshalb ist es nicht auffallend, dass diese Gegend hier denselben Charakter hat. Auf den Bergen die nämliche plumpe, hohe Vegetation und verkrüppelte *Juniperus*-Büsche, auf den Triften zartes Alpengras, das zum Theil von dem aus seinem Bette getretenen Flüsschen überschwemmt wird. Sowohl über, als unter uns erglänzen hie und da kleine Parthien ewigen Schnees und deuten darauf hin, dass wir uns hier nicht unter 12,000 Fuss Meereshöhe befinden.

Unsere Excursionen wurden hier von glänzendem Erfolge gekrönt. Die Schmetterlingsfauna ist hier vielleicht noch reicher, als bei Kitschi-Karamuk, und das will nicht wenig heissen; der Charakter der Fauna ist jedoch ein ganz anderer. Vorwiegend waren hier die Gattungen *Colias* und *Parnassius*, besonders letztere vertreten. *Parnassius Discobolus, Actius, Mnemosyne* und schliesslich ein riesenhafter *Parnassius*, der in Bezug auf Schönheit und Originalität seines Gleichen nicht hat und den ich mit ganz besonderem Vergnügen *Parnassius Romanovi* benenne. Er lässt sich mit einigen Worten characterisiren: die Vorderflügel wie bei *Delphius*; die Hinterflügel zeigen einen grandiosen rothen Fleck von 1 Centimeter Durchmesser, einen zweiten von viel geringeren Dimensionen und eine Binde, die aus 3 zusammenfliessenden rothen Makeln geformt wird; hinter dieser rothen Binde, näher zum

Aussenrande, stehen 5 herrlich blaue Augenflecke, die von schwarzen, glänzenden Halbschatten eingefasst sind. Von anderen hier gefangenen Arten erwähne ich noch folgende: *Colias Alpherakii, C. Romanovi* m., *C. Hyale, C. Eogene, C. Thisoa* in Menge, *Erebia* nov. spec., *Satyrus Josephi, Polyommatus Solskyi, Lycaena Pheretulus, Pieris* v. *Chrysidice, Cossus* (?) nov. spec. etc. etc. Der letztere kam zur Lampe geflogen.

Beständiger Wind, Regengüsse, leichte Fröste in der Nacht und am Tage Nebel beeinträchtigten nicht in geringem Masse unseren Fang. Es ist schwer sich vorzustellen, wie es erst bei stillem und klarem Wetter gewesen wäre, wenn wir, d. h. ich und meine beiden Gehülfen, schon unter den ungünstigsten Verhältnissen nicht selten über 400 Exemplare verschiedener Schmetterlings- arten von einer Excursion mitbrachten!... Auch unser Costüm, ein kurzer russischer Schaafspelz, oder ein karateginscher Tschekmen, war nicht gerade besonders geeignet für Schmet- terlingsfang....

Am 12. Juli überschritt ich den Pass von Agujurma, erreichte das Flüsschen Balakty und gelangte dann, längs dem Flusse Teckelik, zum Kock-Ssu. Ueber letzteren gestatte ich mir paar Worte zu erwähnen.

Das Quellgebiet dieses Flusses scheint nicht bekannt zu sein. Oschanin vermuthet, dass dasselbe in den nördlichen Ausläufern des Schum-Kara zu suchen sei; dies bedarf jedoch noch einer Bestätigung. Die Benennung Basch-Kock-Ssu (d. h. der Kopf, die Spitze des Kock-Ssu), die dem Theile des Flus- ses beigelegt, der sich gegenüber des Ausgangs der Kara-Ka- suk-Enge befindet, deutet entschieden darauf hin, dass die Quellen in nicht allzugrosser Entfernung von hier zu suchen sind. Ohne Zweifel liegen sie in der Nähe. Das rechte Ufer des Flusses ist seiner ganzen Länge nach steiler und an man- chen Stellen schlagen die schäumenden, trüben Wellen mit Wucht an die jähen, grauen Felswände an. Erst beim Flusse

Teckelik treten die Felsen ein wenig zurück, um von nun an in einiger Entfernung zu bleiben; zugleich büssen sie auch ihre Unzugänglichkeit ein. Das linke Ufer flacht sich zur Mündung ab, behält aber überall denselben Charakter. Die kahlen Steilwände desselben sind mehr oder weniger durch Vorberge verdeckt; letztere bilden da, wo das Ufer an Höhe verliert, kleine Flächen. Zur Mündung hin nehmen derartige Verflachungen zu; hier nimmt die Schlucht, allmälig breiter werdend, den Charakter eines Thales an, in dessen Sohle sich der Fluss ein tiefes Bett gefurcht hat. Hier hat der Strom eine ganze Reihe von Sandbänken geschaffen, die mit Tugai aus Weiden, *Tamarix* und seltener mit *Juniperus* bewachsen sind. Da die Ufer sehr steil abstürzen, ist es schwer zu ihnen zu gelangen. Auf den erwähnten Verflachungen wird hie und da Getreide, meistens Hafer gebaut. Hier haben sich auch Kara-Kirgisen zum Ueberwintern eingerichtet. Artscha *(Juniperus)*, Birken *(Betula Sogdiana)* und Vogelbeeren *(Sorbus)* giebt es nur am Mittellaufe; krüppliger *Juniperus* steigt auch noch höher. An der Mündung des Flusses begegnete ich einem Pärchen von Dachsen *(Meles vulgaris)*. In Bezug auf geographische Verbreitung ist dieser Fund recht interessant (8000 Fuss).

Nachdem ich den Ssara-Bulak auf einer schauderhaft primitiven Brücke überschritten und am jenseitigen Ufer des Kisyl-Ssu in einem *Juniperus*-Wäldchen übernachtet (hier fand ich zum ersten Mal *Satyrus Heidenreichii*), erreichte ich am folgenden Tage den Tus-Ssu und lagerte mich an der Mündung des Aram-Kuntschej, auf einer nicht grossen, mit *Berberis heteropoda, Tamarix* und Weiden bestandenen Sandbank. Hier verweilte ich zwei Tage. Leider beeinträchtigten Regengüsse den Fang; ich konnte hier nur wenig fangen. Dennoch war auch dieses Wenige für mich von grossem Werthe; mit Hilfe des hier zusammengebrachten Materials (u. a.

Arctia Caja) wurde es mir erleichtert, für den Charakter
der Schmetterlings-Fauna des Alai-Gebiets die richtige Erklärung zu finden.

Auf der Passhöhe von Ters-Agar befindet sich ein stei-
niges, nur hie und da mit Gras bewachsenes Plateau, das von
zwei unbedeutenden Bächen durchflossen wird; der eine fliesst
nach Süden zum Muk-Ssu, der andere nach Norden. Der letztere fliesst an der Westseite der Wand hinab, die fast nach
allen Richtungen hin das genannte Plateau umgiebt. Hier
fliesst der kleine Fluss noch vollkommen ruhig; etwa 5 Werst
weiter ist er aber nicht mehr zu erkennen. Aus Seintenthälern
hat er bereits so viel Zufluss erhalten, dass er nun mit rasen-
der Geschwindigkeit und Brausen von Stein zu Stein stürzt.
Ein sehr bedeutender linker Nebenfluss, der Myts-Teke, führt
ihm mehr Wasser zu, als ihm selbst bis dahin eigen, und von
hier an wird der Tus-Ssu trübe und schmutzig. So erreicht
er auch den Alaischen Kisyl-Ssu. Das linke Ufer des Flusses
ist unzugänglich. Kahle, petrographisch sehr verschiedenartige
Felsmassen ziehen sich in einer ununterbrochenen Kette hin
und treten als senkrechte Wand bis hart an den Fluss hinan.
Auf dem rechten Ufer sind ebensolche Felswände, deren
Kamm mit Schnee bedeckt; zum Theil sind sie jedoch hinter
Vorbergen versteckt, die mit einer üppigen Pflanzendecke ge-
schmückt sind. Von dieser Seite hat er sehr viele Zuflüsse,
die zeitweise sehr wasserreich und wild sind, später aber
vollständig versiechen, wie meist die Bergbäche, die vom
Schnee gespeist werden.

Vom Ters-Agar oder wohl richtiger von dessen südlichem
Abhange, eröffnet sich eine grossartige Aussicht auf die ge-
genüberliegende Kette, deren Zusammenhang mit dem übrigen
Gebirgs-System noch nicht erkannt worden ist. Das Massiv
des Gebirges steht in seiner ganzen gigantischen Grösse frei
da und hebt seine drei greisen Häupter hoch zum Himmel

empor (24,000 Fuss). Am Fusse dieses durch nichts verdeckten Colosses windet sich in schmalem Schlangenlauf der in der Nähe so breite und tosende Muk-Ssu, der gleichsam spielend die grössten Steine fortwälzt....

Ich verstehe, dass Oschanin von diesem Anblick überwältigt wurde: „Nichts, schreibt er, erhebt sich zwischen dem Auge des Beschauers und den Gipfeln des Berges, die, in Folge ihrer grossen Nähe, in den Himmel selbst zu ragen scheinen. Ich hatte hinreichend Gelegenheit, Gebirgsgegenden sowohl in den Alpen, als im Kaukasus und in Central-Asien zu sehen, aber keine hat mich derartig durch ihre finstere Majestät gefesselt"....

Den Fedtschenko-Gletscher konnte ich leider nicht besuchen. Ich war kaum in die Schlucht eingetreten, als über mir ein furchtbares Hochwetter losbrach. *Nolens volens* musste ich umkehren.

Wegen der entsetzlichen Kälte [19]), des ununterbrochenen Windes, Schnees und Graupen-Wetters (die Höhe unseres Lagers betrug nur 8500 Fuss), hielt ich mich hier nur kurze Zeit auf. Fast ganz ohne erhebliche Resultate (ich fing nur einige Geometriden, *Colias Romanovi* ♀ und *Pallida*, *Pieris Chrysidice* und *Parnassius* sp.) überschritt ich nochmals den Ters-Agar (über 10,000 Fuss).

Dieser Rückweg zum Tus und Altyn-Darin wurde dagegen in mehrfacher Beziehung von bestem Erfolg gekrönt. Besonders günstig für den Fang waren die Halteplätze Kara-Ssu [20]) und das Quellgebiet des Aram. Letzterer ist nicht

---

[19]) Die Mitteltemperatur am Tage betrug im Zelte $+9°$ C.

[20]) Ein sehr kleines Flüsschen oder richtiger eine Quelle, die unter dem Wege hervorsprudelt und dann gleich das umliegende Terrain berieselt; letzteres ist mit Ranunculaceen und einem niedrigen *Carex* bewachsen. Aus diesem Morast fliesst das Wasser zum Tus-Ssu. Das Flüsschen ist höchstens 50 Faden lang.

ohne Interesse. Die Quellen des Aram liegen an der Nordseite des nordwestlichen Stockes des Trans-Alai-Gebirges und
zwar da, wo jener seinen Haupt-Zweig, der noch weiter nach
Norden abweicht, entsendet. Diese Abzweigung ist nirgends hoch,
jedoch äusserst steil abstürzend und am Fusse durch die zeit-
weiligen Hochwasser des Flusses unterwaschen. Augenblicklich
ist der Fluss ohne Wasser und das breite Geröllbett, das die
Mitte des Thales einnimmt, ist vollständig ausgetrocknet. Das
linke Ufer des Aram ist nur am oberen Laufe hoch; dann
werden die Abhänge immer niedriger und niedriger; zwischen
denselben und dem Absturze zum Fluss bleibt eine schmale,
zur Mündung hin sich ein wenig erweiternde Terrasse,
die mit prächtig dichtem Grase bedeckt ist. Hier haben sich
an manchen Stellen in Folge des Stagnirens der Wässer
Sümpfe gebildet, die mit *Carex* und anderweitigen Sumpfgrä-
sern bewachsen sind; weiterhin wechseln Triften mit mächtig
entwickelten Gramineen ab. Näher zu den Felswänden sind
die Abhänge mit einer Art *Allium* bestanden; tiefer unten
treten *Festuca*, *Stipa* und einige andere Alpengräser, mit ech-
ten Steppengräsern abwechselnd, auf. Die Mündung und der
Mittellauf ist von sehr verschiedenartigem Tugai eingenommen.
Jenseits des Aram, rechter Hand, bis an den Surchab, dehnt
sich eine unfruchtbare, sandig-lehmige Steppe (Löss) aus, auf
der Kara-Kirgisen ihre von Steinen eingefassten Winterquartiere regellos aufgeschlagen haben. Zwischen dem Kara-Ssu
und dem Aram ist das Terrain wellig, durchfurcht von einem
Labyrinth von Wasserrissen; hier und hauptsächlich an den
Rändern gelang es mir, trotz des langwierigen, drei Tage
lang ununterbrochen andauernden Regens und Nebels (die
Wolken zogen unter unserem Lagerplatze hin), einen glänzenden Schmetterlingsfang zu machen: *Parnassius* sp., *P. Actius*, *P. Romanovi* m., *P. Staudingeri* var. nova (aut *Impe-
rator* Oberth.?), etc.; *Colias Wiskotti*, *Col. Romanovi* m., *Col.*

16

nova sp., aus der Gruppe der *Hecla*, an Grösse nicht unter *Aurorina, Col.* sp.? (1 ♀), *Col. Eogene* ab. *Chrysodona* Kind. und *Col. Thisoa; Pieris* var. *Chrysidice, P. Chloridice* var.? *Smaragda* m.; *Polyommatus Solskyi; Satyrus Heydenreichii, S. Anthe, Sat.* nov. sp. in Menge, *S. Josephi* und *S. Pelopea; Erebia* nov. sp.?, *E. Jordana; Arctia Alpherakyi* m., *Zygaena Cocandica* und eine Menge anderer, mehr oder weniger interessanter Formen. Auch in Bezug auf andere Ordnungen des Thierreichs glückte es mir hier mehr, als anderwärts. Es wurde eine grosse Anzahl von *Lacerta, Elaphis* sp. erbeutet und *Canis melanotus, Arctomys caudatus, Lepus Lehmanni?, Ovis Polii* und eine Art *Capra* beobachtet. Unter den Vögeln herrschten Falconiden vor. Zum ersten Male hörte ich *Upupa epops, Cuculus canorus; Ortygion coturnix, Columba, Caccabis huckar* kamen hier überall vor und brachten durch ihr schmackhaftes Fleisch viel Abwechselung in unsere dürftige Küche.

Nachdem wir den obenerwähnten, am rechten Ufer des Aram fortlaufenden Höhenzug überschritten, gelangten wir zum Nordabhange der Trans-Alai-Vorberge; diese sind wenig abschüssig und durchfurcht von unzähligen Thälern und Schluchten, die alle dieselbe Richtung von Süden nach Norden haben. Ihre Sohle ist meistentheils mit Geröll, die Abhänge dagegen mit einem weichen grünen Teppich bedeckt, der sich auch bis zu den höchsten Gipfeln der Vorberge erstreckt. Die Hauptkette des Trans-Alai steht vollständig unverdeckt da. Die schroff abstürzenden Gehänge haben ein düstres und wildes Aussehen. Von den schneebedeckten Spitzen ziehen sich Schneestreifen längs den Kämmen weit hinunter. Zahlreiche Flüsse und Bäche, die die Alai-Steppe quer durchschneiden, entspringen diesen Schneeanhäufungen. Ihr Bett liegt immer sehr tief; die Ufer sind sehr steil. Das Wasser derselben ist durch die Masse des von ihnen fortgeführten Lehms stets braunroth gefärbt und schlammig. Sie stürzen brausend von Stein zu

Stein, die jedoch nicht zu sehen sind. Dies sind vielmehr Schmutz-Ströme, als Flüsse, und ihr Wasser ist nicht zum Trinken geeignet.

Der Myn-Dschar ist unter diesen Flüssen besonders charakteristisch. Nähert man sich ihm, so ist er nicht zu sehen. Mitten in der ebenen Steppe hat er sich ein sehr tiefes Bett gewühlt, in das nur mit grossen Schwierigkeiten zu gelangen ist. Der Weg läuft zickzackförmig den Abhang hinab und geht zwischen geradaufgerichteten Säulen, die das Aussehen phantastischer Thürme haben.

Dergleichen thurmartige Lehmmassen sieht man auch auf dem entgegengesetzten Ufer, das wenn möglich noch steiler ist. Endlich ist man unten angelangt. Man wähnt sich hier auf dem Hofraume eines bezauberten Schlosses. Von allen Seiten Schiessscharten und Zinnen. An sonnenhellen Tagen umfängt einen Halbdunkel. Vor sich sieht man ziegelrothe Wände und eine schmale ganz dunkle Spalte. Hierhin hat sich der Fluss gewandt und hier erscheint er blutroth. Noch einen Schritt vorwärts...., eine plötzliche Wendung und man betritt eine zweite, endlos lange Gallerie, die zu den grauen nebelhaften Gebirgshöhen zu führen scheint, und zu den weissen Kuppen, die wahrsheinlich den rechten Zufluss des Myn-Dschar mit seinen grell rothen Wassern speisen. Hier auch beginnt sofort der sehr steile, zwischen thurmartigen Lehmsäulen sich windende Aufstieg.

Bis zum Flusse Atschik-tasch verfolgte ich den „grossen" Weg, d. h. ich ging neben den schmalen Pfad-Spuren, die Pferde und anderes Vieh in dem weichen Boden zurückgelassen hatten. Ich excursirte, wo sich nur Gelegenheit dazu bot; die Resultate waren freilich sehr unbedeutend. Dort verliess ich diesen Weg, bog scharf ab, durchschritt den Bouke-Tschukur und erreichte, längs der Anhöhen der felsigen Trans-Alai-Kette den Kisil-Agyn da, wo er von der linken Seite den Nebenfluss Suen-Tur (11,000 Fuss) aufnimmt. Vom Bouke-Tschukur an und weiter erwies sich die Schmetterlingsfauna mit der von Dschirge-Tal identisch; sie war jedoch viel ärmer. Uebrigens herrscht hier überall, trotz der fetten Triften und des üppigen Graswuchses, grosse Armuth hinsichtlich der Repräsentanten des Thierreichs. *Plusia Hochenwarthi* war der interessanteste Fund.

Ich schlug unser Lager am Ufer des Kisil-Art auf und ritt selbst nur in Begleitung von 2 Kosaken und einem Dschigiten zum Kara-Kul; wir machten nirgends Halt und waren 11 Stunden zu Pferde.

Der Fluss Kisil-Art entspringt etwas östlich vom Passe und fliesst einige Zeit von SO. nach NW. Unterhalb des Passes selbst macht er eine scharfe Biegung, nimmt hier links einen, im Sommer freilich versiechenden Nebenarm auf und strömt dann, ohne seine Richtung zu verändern, nach Norden. Die Schlucht ist eng. Die Wände sind steil und felsig. Der Thalgrund ist mit Steinschutt und zum Flusse hin mit Geröll bedeckt. Anfangs führt der Weg über diesen Schutt, dann muss man drei Mal den Fluss überschreiten, um rechts oder links an den Abhängen der Schlucht des Kisil-Art weiter vorzudringen. Der Boden wird durch blauen oder rothen Thon, Sandstein und Schiefer gebildet. Nur stellenweise haftet Grün. Wüst und wild ist es umher. Hier geht ein beständiger Wind; heftig weht es vom Passe nach Norden, abwechselnd auch in umgekehrter Richtung. Die Sonne wärmt nur wenig; zu nahe sind die Schnee- und Eisfelder. Das Athmen wird schwer (14,100 Fuss). Auf der Passhöhe befindet sich ein Masar, d. h. eine Grabstätte. Haufen von Schädeln, Hörner von Wildschafen, im Winde flatternde weisse und schwarze Jak-Schwänze (kirgis. Kutas), Fetzen verschiedener Zeuge — alles das ist nicht ohne Effect... und dennoch ist dieser Anblick so niederstimmend, dass man sucht, möglichst rasch weiter zu kommen...

Jenseits des Passes erhebt sich der Pamir. Anfangs sieht man
hie und da, den Bachläufen entlang, noch Gras; bald hö-
ren auch diese armseligen Spuren von Vegetation auf. Ueberall
nur grauer Sand und aus denselben hervorragender grauer
Fels. Geröll bedeckt, mit Unterbrechungen, die Ufer der Bäche
und die Gestade des Kara-Kuls, dieses unruhigen, ewig wo-
genden, gigantischen Sees. Der Wind blies unaufhörlich, und
das Thermometer wies, selbst zur wärmsten Jahreszeit, be-
deutend unter Null.

Hier ist das Reich des Todes.... Hier ein Pferdeschädel....
sichtlich hat ihn ein einziger wuchtiger Hieb vom Rumpfe getrennt und vielleicht schon lange grinzt er den Wanderer an;
dort ein Schafskelett, dort eine grosse mit Wildschaf-Hörnern
und Schädeln bedeckte Fläche, weiterhin halb vom Sande ver-
schüttete Pferdeskelette, allerhand zerschmetterte Knochen und
sogar ein Menschenschädel...

In Mitten dieses Todtenreiches möchte man keine lebende
Wesen vermuthen. Und dennoch sind solche reichlich vorhanden. Das Arkary-Schaaf *(Ovis Polii)* streift auf den benachbarten Gebirgskämmen in grossen Heerden umher; ihren Spuren
folgt der Wolf *(Canis lupus)* und der Schakal *(Canis alpinus)*;
in den Bergen haust auch der Bär *(Ursus leuconyx aut Isa-
bellinus?)*. Weiss der Himmel wie er in diesen Einöden Nahrung findet. Ich besitze zwei prächtige Felle vom Bären aus
dem Pamir [21]).

Der Kisil-Art war der letzte Halteplatz, der noch einen
erheblichen Fang gewährte. Hier verweilte ich 3 Tage und
excursirte nach allen Richtungen; nicht selten erstieg ich fast
unzugängliche Höhen innerhalb der Schneegränze (15,000 Fuss).

---

[21]) Den Markan-Ssu, dessen Schlucht etwa 5 Werst weit mit dem Blicke
zu verfolgen war, konnte ich wegen Mangels an Futter für die Pferde nicht
besuchen. Am Kara-Kul mussten kleine Rationen von Mehl und Zwieback
das eigentliche Pferdefutter dürftig ersetzen.

Das hier gesammelte Material war nicht nur für einen Lepidopterologen, sondern auch für Specialisten in anderen Gebieten der Naturkunde, von Wichtigkeit.

In Bezug auf die Eiszeit in Central-Asien sind bekanntlich die Meinungen sehr getheilt. Die Mehrzahl erkennt ein Vorhandensein derselben nicht an. Die ornithologischen Forschungen des berühmten Naturforschers Ssewerzow dienen, wie es scheint, nur dazu, die Richtigkeit dieser Ansicht zu bestätigen.

Die sehr unerhebliche, hier beobachtete Anzahl rein polarer Formen, kann kaum ernstlich in die Wage fallen; zudem hat dieser geringe Procentsatz eine sehr wahrscheinliche Erklärung gefunden. Es ist bekannt, dass der Nordabhang des Altai, der mit dem Gebirgs-System des Thian-Shan in directem Zusammenhang steht, viel Aehnlichkeit bietet mit der Sibirischen Taiga, die von sehr vielen Polar-Formen bewohnt wird. Hieraus lässt sich der Schluss ziehen, dass diese Polarformen sich bis zu den äussersten Punkten des Thian-Shan ausbreiten konnten, da sie überall die gleichen klimatischen Bedingungen vorfanden....

Nun aber war es bereits dem verstorbenen Fedtschenko gelungen, eine typische *Colias Nastes,* und zwar ein Weibchen, zu fangen (Erschoff benannte sie *v. Cocandica*). Wenn wir die geographische Verbreitung (Labrador und Nord-Lappland) dieser Art berücksichtigen, so erscheint sie uns höchst sonderbar und ist kaum zu erklären. Damals hätte man freilich behaupten können, Erschoff habe sich geirrt, die Weibchen dieses Genus seien sich so ähnlich... überhaupt liesse sich über dieses Thema sehr Vieles sagen... Jetzt jedoch würden diese Hypothesen vielleicht scharfsinnig erscheinen, jedoch nicht die Sache erklären. Mir gelang es, sowohl Männchen als Weibchen dieser so interessanten polaren Art, so wie noch manche andere rein polare Formen zu fangen. Alles dieses zusammen dürfte den Anschauungen über diese verwickelte Frage einen neuen Impuls geben.

Ausser *Colias Cocandica* fand ich hier noch: *Col. Thisoa, Col. Eogene, Parnassius Staudingeri* var., *Parnassius* sp., *Parn. Delius?* var?, *Parn. Actius, Parn. Caesar* m., eine herrliche, ganz einzig stehende Art unter den Parnassiern der palæarktischen Fauna, welche sehr auffallend in Färbung und Anzahl der rothen Augenflecke variirt (auf den Vorderflügeln 4 bis 0); *Polycaena Tamerlana, Erebia Hades, Erebia* nov. sp., *Argynnis Pales* var. *Graeca* und noch viele andere nicht minder interessante und anziehende Formen.

Von Kisil-Art aus passirte ich Urtak-Tschukur, dann überschritt ich die Pässe Katyn-Art, Taldyk; wanderte durch die Taldyk-Schlucht, deren Wände dicht mit *Juniperus*-Wald bestanden, einen Weg entlang, der in den Engpässen und an steilen Felswänden von russischen Soldaten angelegt worden, und gelangte endlich nach Gultscha, von wo ich in zwei Tagemärschen wieder in Osch eintraf. Dies geshah am 20. August, d. h. gerade 3 Monate nach meiner Abreise von dort.

Ohne auf die Resultate einiger kleinerer Excursionen auf den Jatschatschar, am Flusse Terek-Ssu und längs des Dschussala einzugehen, schliesse ich diese Correspondenz mit der Bemerkung, dass das von mir durchforschte Gebiet in lepidopterologischer Beziehung dermassen reich ist, dass, trotz der mancherlei Hindernisse, die die Natur selbst in den Weg legt, es mir dennoch, wenn auch nicht ohne Mühe, gelang, ein Material zusammenzubringen, dessen voller Werth erst später nach einer endgültigen Bearbeitung sich herausstellen wird.

Möchte auch meine nächste Expedition in diese dem Europäer noch unbekannten Gegenden von nicht geringerem Erfolge gekrönt werden!

Osch, im Ferghana-Gebiet.
Im October.

TABLE ALPHABÉTIQUE

des noms de genres, d'espèces, de variétés et d'aberrations, mentionnés

dans ce volume.

(Les variétés et les aberrations sont marquées en italiques).

17

17*

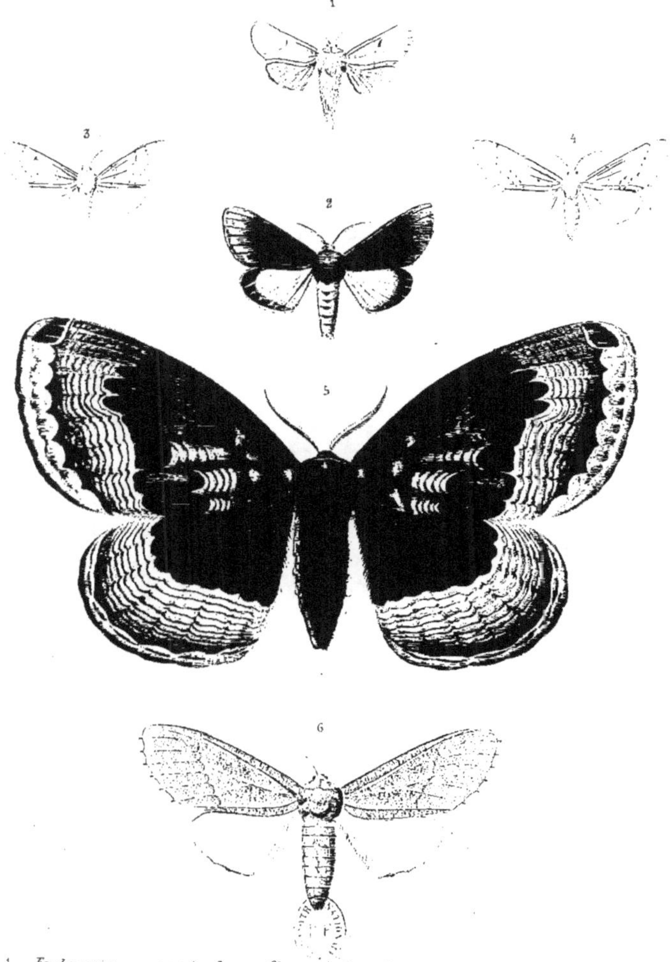

1. *Endagria saxicola* Chr. — 2. *Oeneria Komarovi* Chr.
3. δ et ♀ *Oeneria Raddei* Rom. 5. *Brahmaea lunulata* Brem. var. *Christophi* Mgr.
6. *Notodonta Grummi* Chr.

Lang pinx. Cadell sculp.

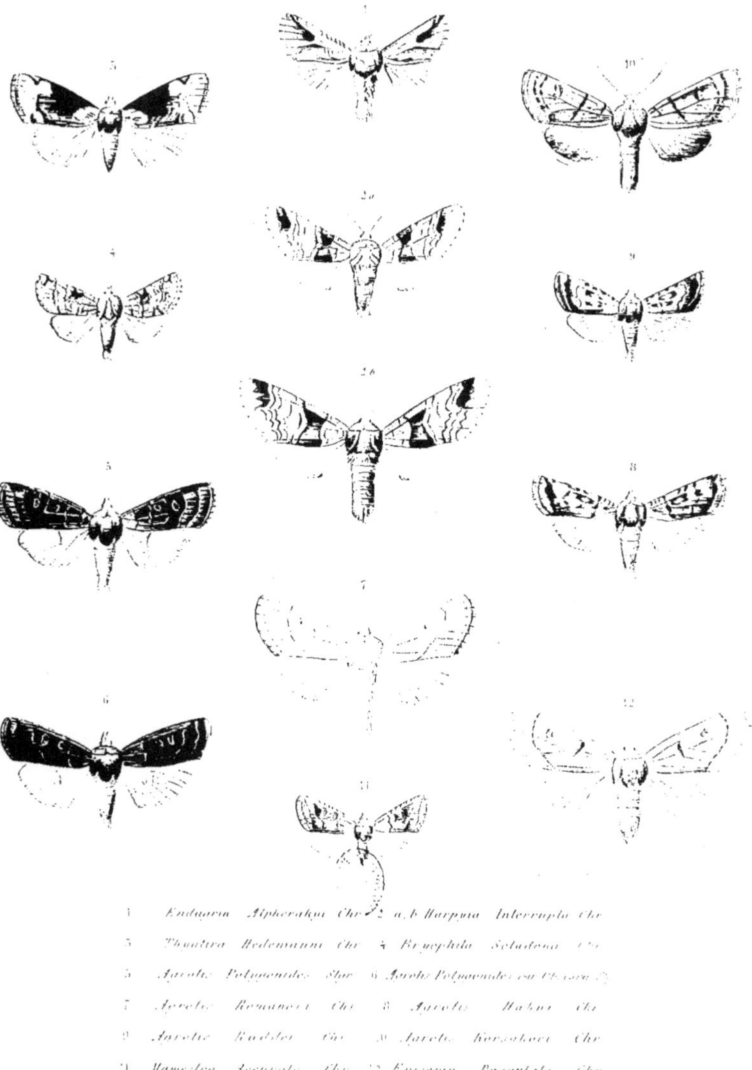

1. Endagria Alpherakyi Chr. 2. a,b Harpyia Interrupta Chr.
3. Thyatira Hedemanni Chr. 4. Bryophila Seladona Chr.
5. Agrotis Polymenides Stgr. 6. Agrotis Polymenides var Chr. var?
7. Agrotis Romanovi Chr. 8. Agrotis Hahni Chr.
9. Agrotis Ruckbeili Chr. 10. Agrotis Korsakovi Chr.
11. Mamestra Accurata Chr. 12. Epunoma Pacaulata Chr.

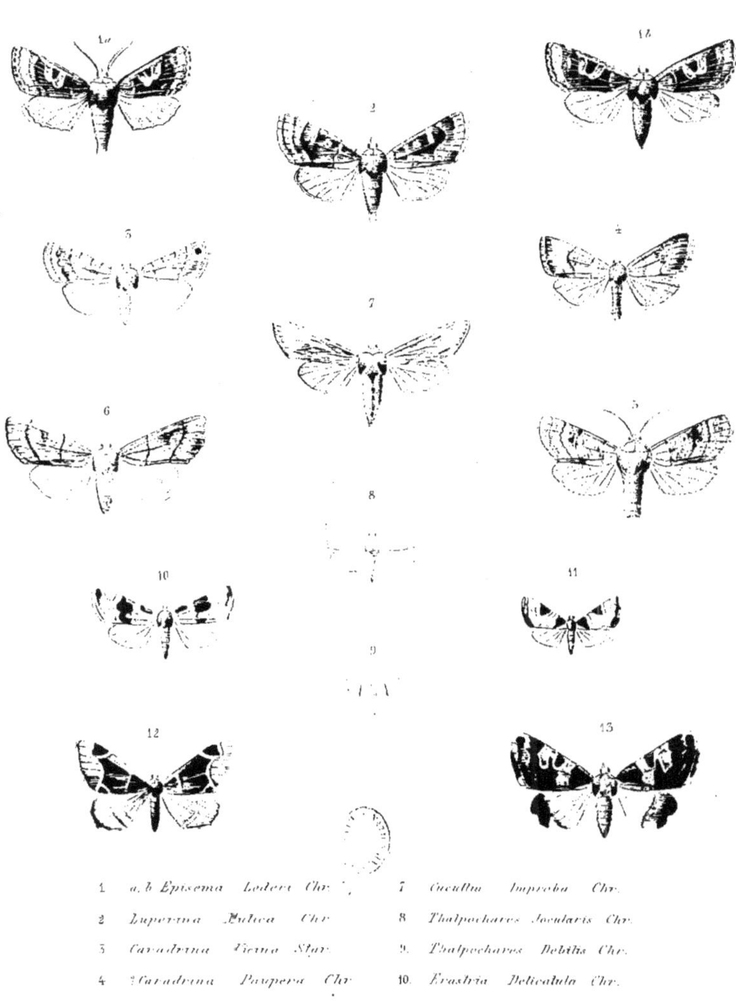

1 a. b *Episema Lederi* Chr.   7 *Cucullia Improba* Chr.
2 *Luperina Fulica* Chr.   8 *Thalpochares Jocularis* Chr.
3 *Caradrina Vierna* Stgr.   9 *Thalpochares Debilis* Chr.
4 ? *Caradrina Paupera* Chr.   10 *Erastria Delicatula* Chr.
5 *Taeniocampa Stevensi* Rom.   11 *Erastria Diaphora* Stgr.
6 *Cirroedia Bogomensis* Rom.   12 *Zethes Propinquus* Chr.
13 *Leucanitis Saissani* Stgr.

1. Thestor Romanovi Chr (Eruca)   5. Grammodes Mirabilis Rom.
2. Sesia Ichneumoniformis F var?   6. Pseudophia Firseni Chr.
3. Sesia Auruera Rom   7. Madopa Inquinata Ld
4. a b c. Heliothis Imperialis Star 8. Bomolocha Opulenta Chr.

Astragalus Schahrudensis Bge

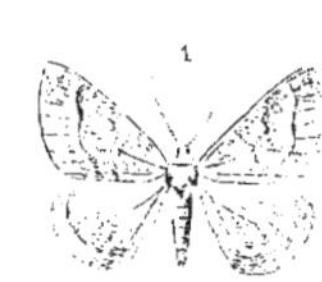

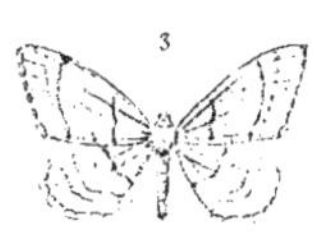

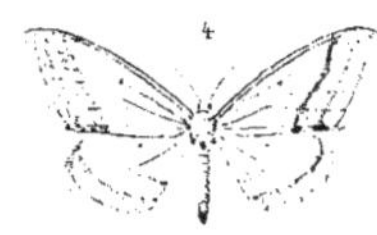

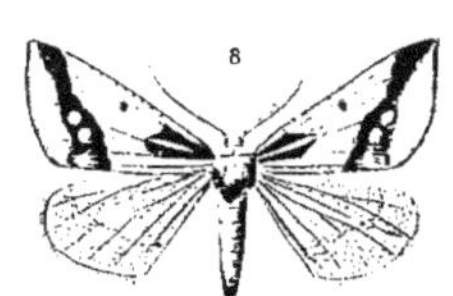

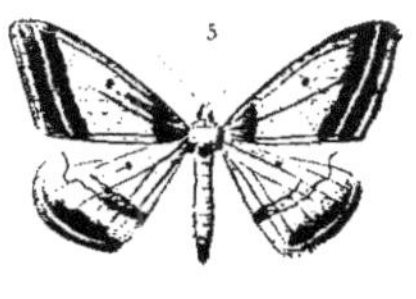

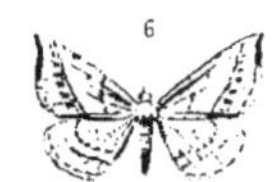

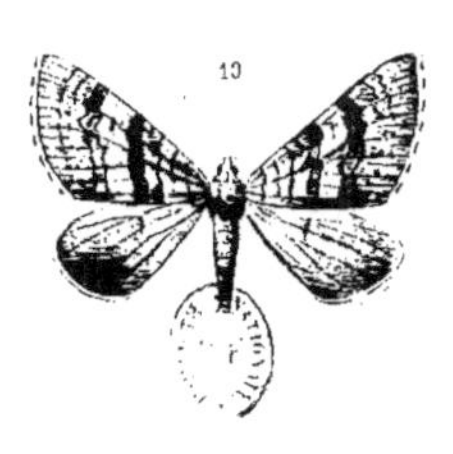

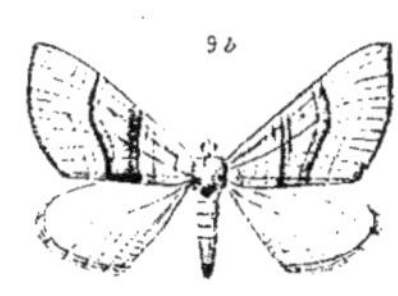

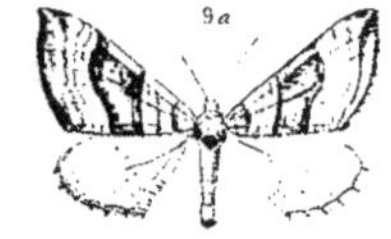

1. *Phorodesma Smaragdaria var. Prasinaria* Ev.   6. *Epione Limaria* Chr.
2. *Acidalia Roseofasciata* Chr.   7. *Gnophos Annubilata* Chr.
3. *Acidalia Hyalinata* Chr.   8. *Aspilates Smirnovi* Rom.
4. *Pellonia Auctata* Stgr.   9 a. b. *Ortholitha Langi* Chr. Sp.
5. *Pellonia Sieversi* Chr.   10. *Ortholitha Kurrami* Chr.

1   *Orbifrons Singularis Stgr.* – 2 a.b *Boarmia Cocandaria Ersch.*   3 *Fidonia Hedemanni Chr.*

4   *Scodiona Tehkearia Chr.* – 5 *Aspilates Innocentaria Chr.*   6 a.b *Eusarca Pellonaria ♂♀ Stgr.*

7   *Eusarca Castaria Chr.*   8 a.b *Eusarca Cuprinaria Chr.*   9 *Lithostege Luminosata Chr.*

10. *Lithostege Amoenata Chr.* – 11 *Lithostege Usgentaria Stgr.* – 12. *Lithostege Excelsata Ersch.*

1. Cidaria   Bigeminata   Chr.
2. Eupithecia   Gueneata var. Separata   Stgr.
3. Eupithecia   Gueneata var. Subseparata   Chr.
4. Eupithecia   Scalptata   Chr.
5. Eupithecia   Demetata   Chr.
6. Eupithecia   Stigmaticata   Chr.
7. Eupithecia   Lingulata   Chr.
8. Hypotia   Speciosalis   Chr.
9. Asopia   Obatralis   Chr.
10. Anthophilodes   Turcomanica   Chr.
11. Botys   Amithoracalis   Chr.
12. Botys   Binalis var. Pontica   Stgr.
13. Eurycreon   Scalaris   Chr.
14. Orobena   Grummi   Chr.

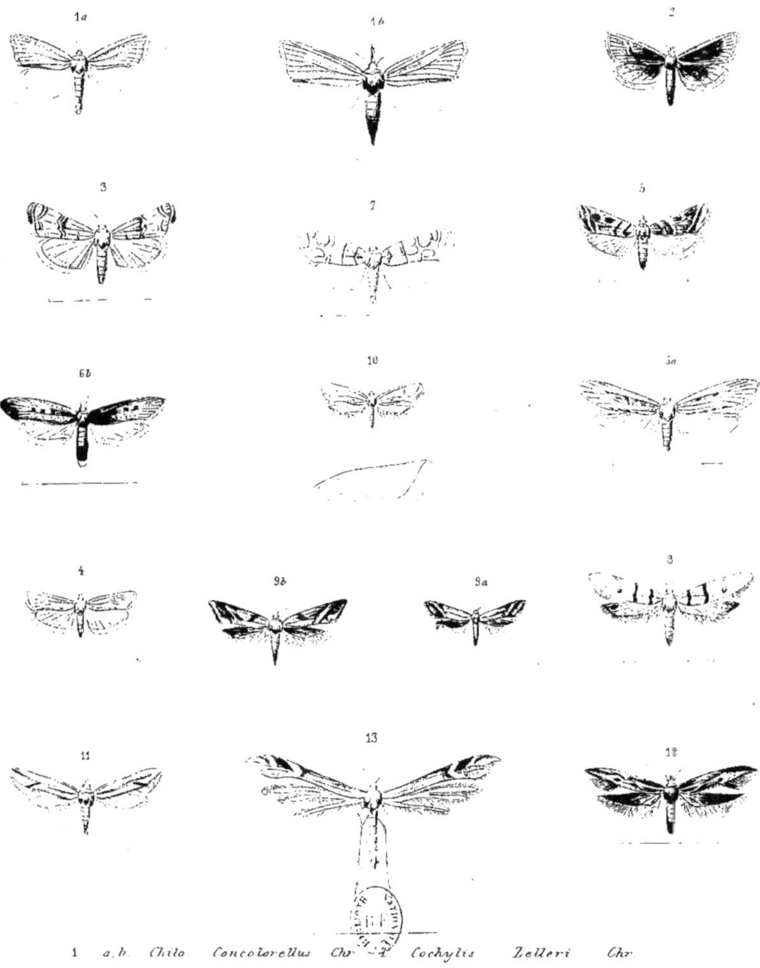
Pl VIII.
1 a.b. Chilo Concolorellus Chr   7 Cochylis Zelleri Chr.
2 Chilo Terrestrellus Chr.   8 Teleia Tigrina Chr.
3 Prionopteryx Subscissa Chr.   9 a.b. Parasia Albiramosella Chr.
4 Epischnia Staminella Chr   10 Metanarsia Modesta Stgr.
5 Myelois Terstrigella Chr.   11 Metanarsia Junctivittella Chr.
6 a.b. Oxypteron Impar Stgr.   12 Butalis Vitilella Chr.
13 Mimaeseoptilus Pulcher Chr.

1. a. b. c. d. e. *Romanoffia Imperialis* Heyl.
2. *Amicta Lutea Staud. var. Armena* Heyl.
3. *Amicta Lutea Staud. var. Schahkuhensis* Heyl.
4. *Amicta Uralensis* Frr.
5. a. b. *Amicta Uralensis Frr. var. Demissa* Led.
6. *Epichnopteryx Nocturnella* Alphér.
7. 8. " *Flavescens v. Kuldchaënsis* Heyl.
9. *Bijugis Proxima* Led.
10. *Bijugis Alpherakii* Heyl.
11. *Fumea Romasti* Heyl.

12. *Fourreau d'une nouvelle espèce de Saïsan.*

1	5	*Epichnopteryx*	*Hofmanni*	*Heylaerts*
4	7	*Epichnopteryx*	*Staudingeri*	*Heylaerts*
8	10	*Epichnopteryx*	*Millierei*	*Heylaerts*
11	13	*Epichnopteryx*	*Flavescens*	*Heylaerts*

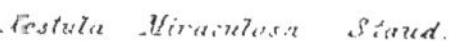

Nestula Miraculosa Staud.

1   a, b, c   Pieris   Iranica   Bien
2   Colias   Aurorina   var.   Libanotica   Ld. ab.
3   Melitaea   Maracandica   Stgr.   var.   Saxatilis   Chr.
4   Agrotis   Degeniata   Chr.
5   Agrotis   Stabulorum   Bien.
6   Agrotis   Mustelina   Chr.
7   Noctuelia   Alticolalis   Chr.

Land pinx.   Rudolli. sculp.

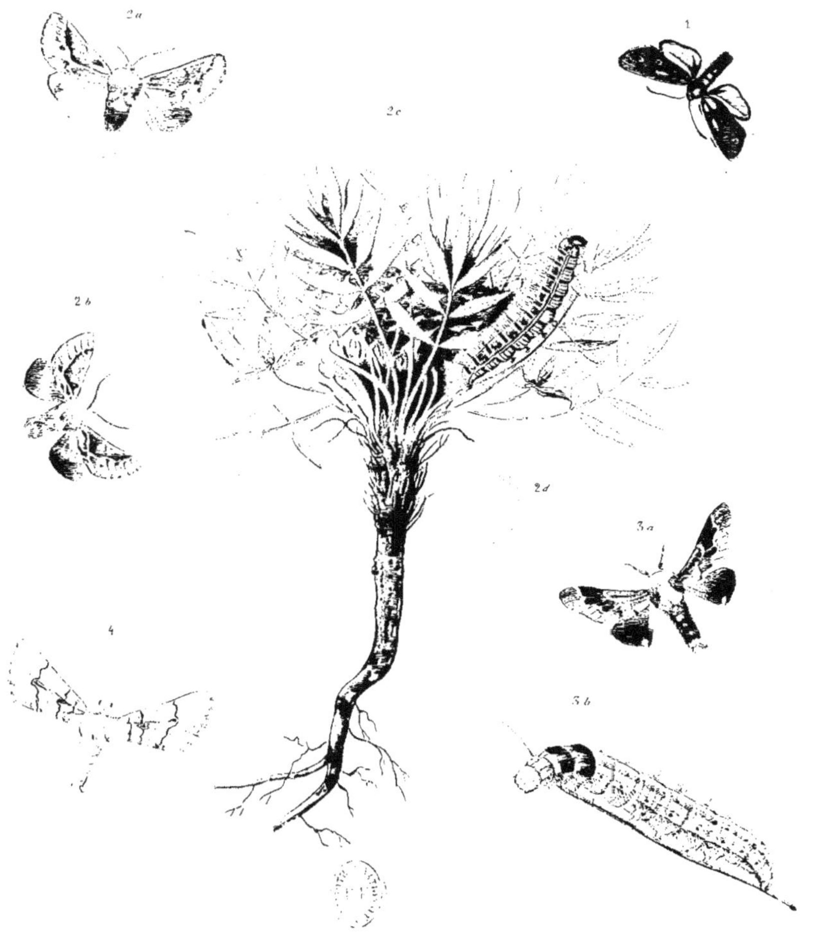

1   Zygaena Eckei Chr
2 a.b.c.d. Bombyx Acanthophylli Chr
3 a. b Megasoma Alpherakyi Chr
4   Clidia Excelsa Chr

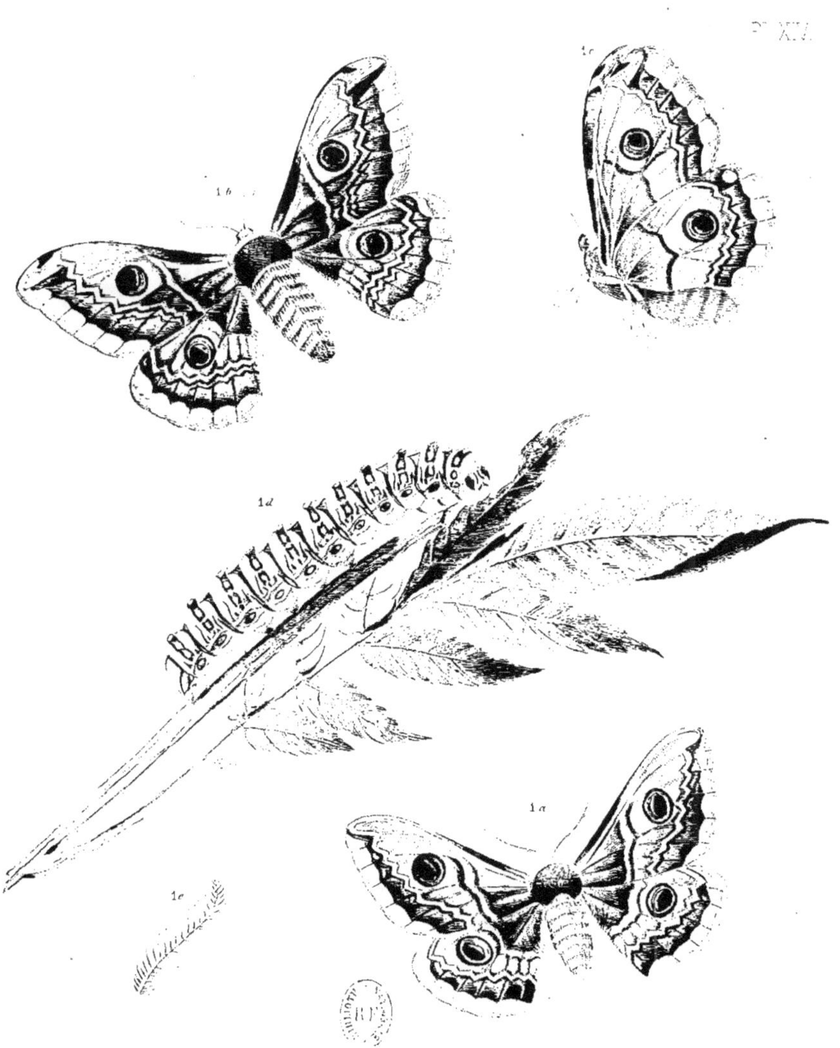

1. a b c d e. *Saturnia Cephalariae Chr.*

1. a b. Satyrus Sieversi Chr.
2. a b. Deilephila Komarovi Chr.
3. Aviopoena Maura Fichw.

1. Erebia Dabanensis Ersch. 2. Triphysa albarenosa Ersch. 3. Pygaera curtuloides Ersch.
4. Agrotis Ledereri Ersch. 5. Agrotis difficilis Ersch. 6. ? Erastria Penthima Ersch.
7. ? Calastia umbrosella Ersch. 8. Hypochalcia caminariella Ersch. 9. Eucarphia gregariella Ersch.
10. Tortrix excentricana Ersch. 11. Cheimatophila praeriella Ersch. 12. Conchylis pistrinana Ersch.
13. Penthina enervana Ersch. 14. Grapholitha abacana Ersch. 15. Grapholitha subterminana Ersch.
16. Phthoroblastis dorsilunana Ersch.

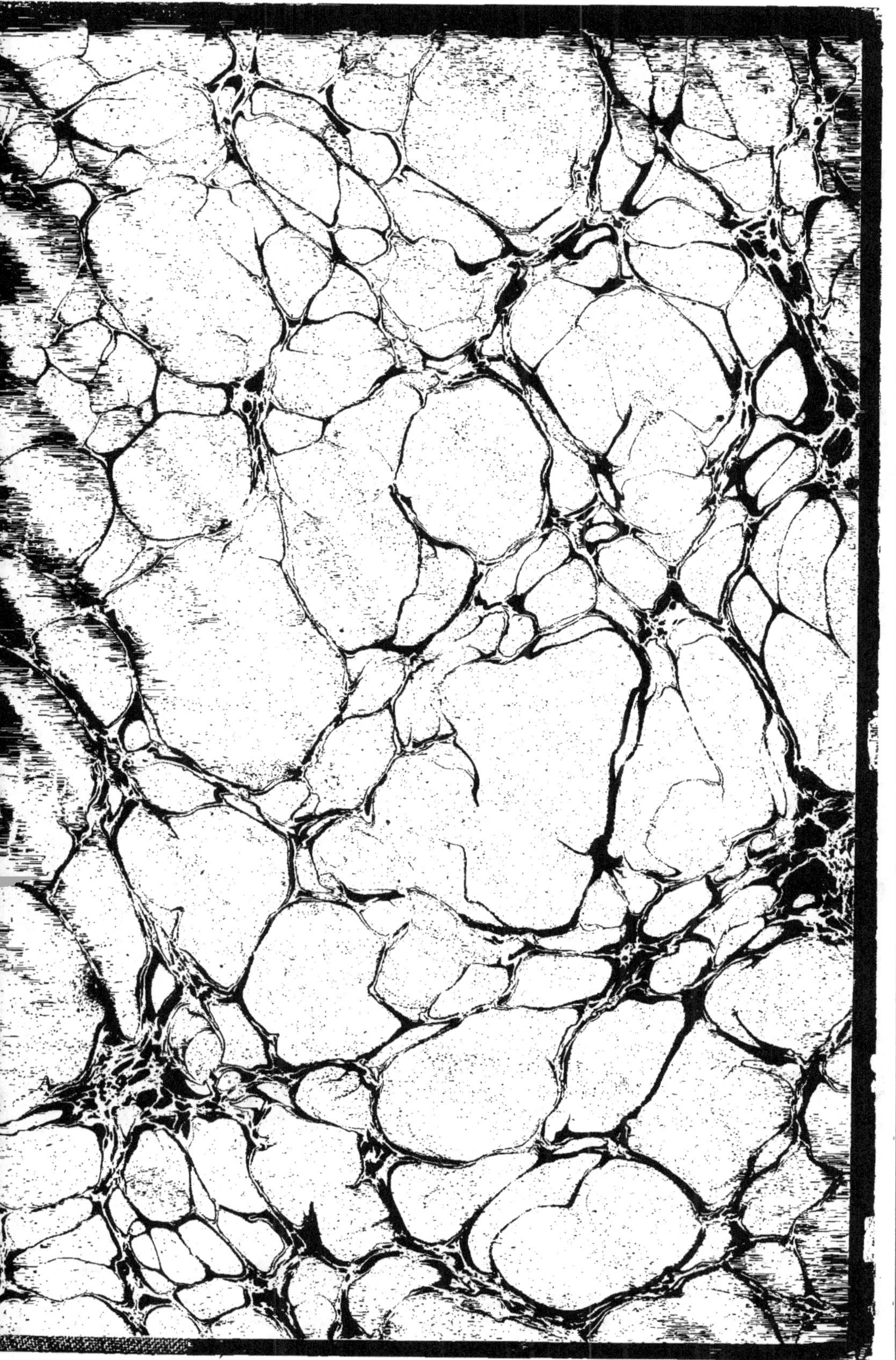

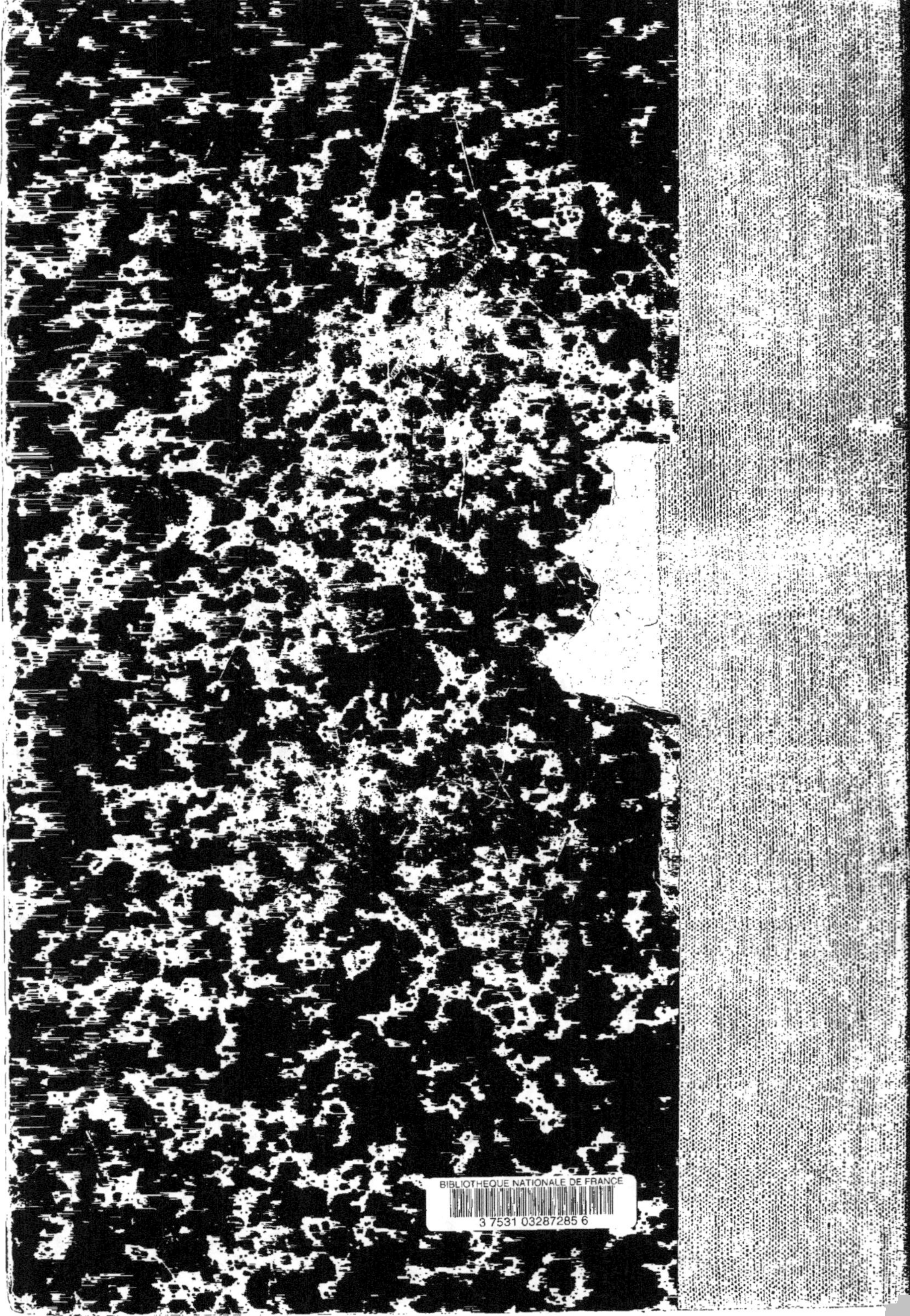